JOACHIM MAYER

BALKON

FÜR EINSTEIGER: SCHRITT FÜR SCHRITT ZUM GRÜNEN PARADIES

& TERRASSE

Balkon- und Kübelpflanzen pflegen

Balkon- und Kübelpflanzen auswählen

Balkon und Terrasse gestalten

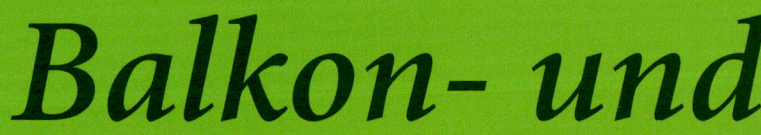

Balkon- und

Kübelpflanzen pflegen

Blütenpracht – kein Zauberwerk

Blütenpracht vom Frühjahr bis zum Herbst, bunter Blattschmuck und zierende Früchte bis in den Winter hinein, sogar Schmackhaftes aus dem Balkonkasten für die Küche – das alles ist kein Zauberwerk. Mit ein wenig Know-how und mäßigem, aber regelmäßigem Pflegeaufwand können Sie Ihren Balkon oder Ihre Terrasse fast rund ums Jahr in eine blühende Oase verwandeln. Im Mittelpunkt steht natürlich der Sommer, wenn Balkon und Terrasse als »grünes Wohnzimmer« genutzt werden.

Mit etwas Pflanzenwissen, sachgerechter Pflege und gestalterischen Ideen lassen sich wunderschöne Balkon- und Terrassenträume verwirklichen. Selbst als Einsteiger muss man dabei nicht allzu bescheiden sein und darf sich ruhig an die Umsetzung »kühner« Träume wagen. Es ist ja auch kein Drama, wenn nicht gleich alles auf Anhieb so gelingt, wie es soll – vieles kann man noch im Lauf des Sommers ändern oder nachpflanzen. Die meisten Balkonblumen sind ohnehin einjährig, so dass Sie mit jeder Saison einen komplett neuen Versuch haben und auf diese Weise erste Erfahrungen – gute wie schlechte – im Folgejahr gleich berücksichtigen können. Bei Kübelpflanzen und anderen Mehrjährigen schmerzen Ausfälle allerdings schon etwas mehr. Beugen Sie eventuellen Misserfolgen am besten bereits durch genügend Sorgfalt bei der Pflanzenauswahl vor.

Pflanzenspaß durch gute Startbedingungen

Die passenden Pflanzen für die vorhandenen Standortverhältnisse, praxistaugliche Pflanzgefäße, die sicher aufgestellt und befestigt werden, gute Blumen- und Topferde – das sind die besten Voraussetzungen für üppiges Blühen und Gedeihen. Werden schließlich die Kästen, Töpfe, Ampeln und Kübel so bepflanzt, dass sich alle Gewächse gut entwickeln können, haben Sie schon einmal für einen optimalen Start gesorgt. Achten Sie gerade bei den ersten Balkon-Versuchen darauf, dass Sie sich nicht zu viel vornehmen und der Aufwand überschaubar ist. Das betrifft sowohl die Anzahl der Pflanzen als auch ihren jeweiligen Pflegebedarf. Sie brauchen sich nun keinesfalls auf vielfach bewährte Pflanzen wie Pelargonien, Hängepetunien, Harfenstrauch oder Wandelröschen beschränken. Doch diese recht robusten Arten sind verlässliche Stützen der Bepflanzung, um die herum Sie dann ausgefallenere, auch etwas empfindlichere Arten gruppieren können.

Was gedeiht bei mir?

Ob Blütenschmuck für Balkonkästen und Ampeln oder Attraktives für Töpfe, Kübel und Tröge – beim Angebot herrscht wahrlich kein Mangel. Eine umfangreiche Auswahl geeigneter Pflanzen stellt Ihnen der Porträtteil ab Seite 66 vor. Zu einem schnellen Überblick über die wichtigsten Pflanzengruppen verhelfen die Seiten 68, 70, 94 und 112. Dort finden Sie auch Hinweise zu speziellen Auswahlkriterien.

Die allererste Frage beim Auswählen von Balkon- und Kübelpflanzen sollte natürlich lauten: »Was gefällt mir am besten?« Das betrifft nicht nur die einzelnen Balkon- und Kübelpflanzen, sondern auch Pflanzenkombinationen und Arrangements.

Doch idealerweise sollte damit gleich die Frage nach den Standort- und Pflegeansprüchen der bevorzugten Schönheiten Hand in Hand gehen. So kommen Sie recht zielsicher und zuverlässig zu Bepflanzungen, an denen Sie wirklich Freude haben.

Regenfeste Blütenpracht?

In regenreichen Regionen und Sommern fällt der Balkonspaß manchmal sprichwörtlich ins Wasser, weil das häufige Nass von oben die Blüten stark beeinträchtigt und schnell unansehnlich werden lässt. Doch es gibt einige Balkonpflanzen, denen das relativ wenig ausmacht. Hierzu gehören Goldtaler, Fächerblume, Elfensporn, moderne Hängepetunien und Hängeverbenen sowie Studentenblumen. Bei Letzteren sind sogar die gefüllten Sorten noch recht regenverträglich – denn sonst gilt im Allgemeinen, dass gefüllte Blüten bei häufigen Güssen schneller unansehnlich werden, weil die bei ihnen dicht gedrängten Blütenblätter nur langsam abtrocknen.

Welche Standortansprüche muss ich beachten?

Pflanzen brauchen zum Gedeihen in erster Linie mehr oder weniger viel Licht und Wärme. Beobachten Sie deshalb zunächst, wie viel Sonne Ihr Balkon oder Ihre Terrasse abbekommt. Grundsätzlich entscheidet darüber natürlich die Lage zu den Himmelsrichtungen – die Dauer der direkten Sonneneinstrahlung nimmt ja im Allgemeinen von Süd über West und Ost nach Nord ab. Nachbargebäude, große Bäume, Vorbauten oder Überdachungen können jedoch die Lichtverhältnisse entscheidend beeinflussen. Schließlich haben einzelne Balkone und Terrassen oft auch unterschiedlich helle Stellplätze zu bieten, so dass man z. B. für dunkle Ecken nach Pflanzen suchen muss, die mit weniger Licht zurechtkommen.

Nach ihrem Lichtbedarf werden die Pflanzen üblicherweise in drei Kategorien eingeteilt:

● **Pflanzen für sonnige Standorte** mit überwiegend direkter Einstrahlung; wobei vielen dieser Pflanzen im Hochsommer eine Beschattung um die Mittagszeit besser bekommt als ganztägig pralle Sonne.

● **Pflanzen für halbschattige Standorte**, d. h., für Plätze, die etwa die Hälfte des Tages keine Sonne abbekommen oder über viele Stunden leicht beschattet sind.

● **Pflanzen für schattige Standorte**, an denen höchstens für wenige Stunden direktes Sonnenlicht einfällt.

Beim Lichtbedarf gibt es oft fließende Übergänge, etliche Arten vertragen z. B. Sonne wie Halbschatten. Und oftmals gedeihen für Sonne ausgewiesene Pflanzen durchaus noch an schattigeren Plätzen, blühen dann aber meist spärlicher.

Wie stark Wind oder Regen auf Ihrem Balkon oder Ihrer Terrasse einwirken können, spielt beim Auswählen der Pflanzen ebenfalls eine Rolle, denn manche Pflanzen reagieren auf solche Wetterfaktoren sehr empfindlich (Hinweise dazu finden Sie in den Pflanzenporträts).

Mehr Sonne können Sie zwar nicht auf Ihren Balkon oder die Terrasse zaubern, doch die anderen Standortbedingungen lassen sich oftmals durch recht einfache Maßnahmen verbessern:

● Besonders kälte- oder windempfindliche Pflanzen sollten einen geschützten Platz nahe der Hauswand oder z. B. unter einem Dachvorsprung bekommen.

● Mit Sichtschutzelementen, Umspannungen oder auch einer grünen Wand aus unempfindlichen Kletterpflanzen können Sie unerwünschten Wind und Regen »aussperren« oder abmildern. Ohne Einschränkung des Lichteinfalls geht das allerdings nur, wenn Sie den Balkon oder die Terrasse teilweise verglasen.

➤ Wo nur wenig Sonne hingelangt, sind schattenverträgliche Schönheiten wie Fuchsien, Astilben und Funkien die beste Wahl und sorgen zuverlässig für attraktiven Pflanzenschmuck.

● Schutz vor sengender Mittagssonne ist besonders auf Süd- oder Südwestbalkonen und -terrassen empfehlenswert. Hier lohnt sich auf jeden Fall die Anschaffung einer Markise oder eines guten Sonnenschirms.

● Weiß gestrichene Wände und weißes Mobiliar haben nicht nur eine optisch aufhellende Wirkung: Auf sonnenarmen Balkonen erhöhen sie ein wenig die pflanzenverfügbare Lichtmenge. Umgekehrt strahlen helle Wände bei starker Besonnung zusätzlich Wärme ab; das kann zu pflanzenschädlichem Hitzestau und erhöhter Schädlingsanfälligkeit führen.

Was Sie noch bedenken sollten

Neben der Frage nach dem möglichst optimalen Standort gibt es noch einige weitere wichtige Gesichtspunkte:

Platzbedarf: Schöpft man beim Pflanzenkauf aus dem Vollen, wird es nicht nur auf einem 5-Quadratmeter-Balkon schnell eng. Lassen Sie sich trotzdem nicht dazu verleiten, Gefäße zu dicht zu stellen und zu bepflanzen. Denn dann könnten sich die Pflanzen bald gegenseitig in die Quere kommen und Schädlinge sowie Krankheiten leich-

ter ausbreiten. Unter einer allzu üppigen Pflanzenausstattung leidet manchmal auch der Komfort, z. B. wegen eingeschränkter Beweglichkeit, und nicht zuletzt der optische Gesamteindruck.

Kübelpflanzen und Topfgehölze: Hier sollten Sie vor dem Kauf besonders den späteren Höhen- und Breitenwuchs berücksichtigen und damit den alljährlich zunehmenden Platzbedarf. Exotische Kübelpflanzen und empfindliche Topfgehölze brauchen zudem ein geeignetes Überwinterungsquartier (siehe Seite 62/63).

Pflanzen mit »Nebenwirkungen«: Die im Porträtteil mit Giftsymbolen gekennzeichneten Pflanzen verlangen nicht nur besondere Vorsicht beim Umgang (am besten Handschuhe tragen, hinterher Hände waschen). Manche von ihnen können zudem allergische Hautreaktionen auslösen. Intensive Düfte, etwa von Engelstrompete oder Hyazinthen, werden nicht immer als angenehm empfunden und verursachen bei manchem sogar Kopfschmerzen.

Kindgerechte Bepflanzung: Wo kleine Kinder im Haus sind, sollte auf giftige Pflanzen verzichtet werden, am besten auch auf alle Gewächse mit Stacheln oder Dornen.

Für jede Pflanze das passende Gefäß

Pflanzgefäße für Balkon und Terrasse sind oft weit mehr als Behältnisse für Wurzeln und Erde. Sie können die Pflanzen auf ganz unterschiedliche Weise zur Geltung bringen, und attraktive Töpfe oder Kübel entfalten als Gestaltungselemente eigenständige Wirkung.

Doch so schön ein Gefäß auch sein mag, es muss gewährleistet sein, dass es den Pflanzen und besonders deren Wurzelwerk gute Voraussetzungen für ein gesundes Wachstum bietet.

Daneben gibt es natürlich auch ganz praktische Gesichtspunkte, angefangen vom Preis über das Gewicht bis hin zur Wetterbeständigkeit. Darüber hinaus entscheidet aber auch der persönliche Geschmack darüber, welche Materialien, Farben und Formen Sie verwenden. Bei allen Materialien (siehe Übersicht) konnte ich immer wieder feststellen, dass sich Mehrkosten für bessere Qualität meist durch längere Haltbarkeit bezahlt machen, gerade auch bei den Kunststoffkästen.

Welche Gefäße gibt es?

Je nach Verwendung und Bepflanzung kommen unterschiedliche Gefäße in Frage, die alle zu einer vielfältigen, abwechslungsreichen Gestaltung beitragen können.

Balkon- oder Blumenkästen gibt es in Längen zwischen 40 und 120 cm. Damit die Pflanzen und ihre Wurzeln genügend Platz haben, sollten die Kästen mindestens 15 cm hoch und 18 cm tief bzw. breit sein, für eine mehrreihige Bepflanzung besser 20–25 cm. Sie müssen dazu aber auch genügend breite Kastenhalter finden (siehe Seite 26).

Schalen sind breite, mehr oder weniger flache Gefäße, meist rund mit 30–50 cm Durchmesser. Sie sollten in der Mitte wenigstens 15 cm, besser noch 20 cm hoch sein, damit sich die Wurzeln gut entwickeln können.

Töpfe und Kübel: In diese Kategorie fällt eine ganze Reihe unterschiedlicher Behältnisse. Die üblichen runden Ton- oder Plastiktöpfe sind höher als breit, mit Größen, die nach dem Durchmesser oben angegeben werden, von 4 bis fast 60 cm. Bei großen Töpfen spricht man von Kübeln. Darunter finden sich auch im Querschnitt vier- oder sechseckige Formen, bauchige Gefäße, die in der Mitte am breitesten sind, oder sehr schmale, hohe Behältnisse.

Tröge: Der Übergang von großen, breiten, eckigen Kübeln oder Schalen zu Trögen ist oft fließend. »Klassisch« ist der Einsatz von (schweren) Trögen aus Natur- oder Kunststein z. B. auf Terrassen, für Dauerbepflanzungen mit kleinen Gehölzen und mehrjährigen Stauden.

Ampeln: Gefäße zum Aufhängen an Decken, Wänden, Holzstreben oder Fallrohren. Meist handelt es sich um leichte Kunststofftöpfe oder -schalen mit Metallhalterungen. Wandampeln oder -töpfe können auch aus Ton oder Terrakotta sein. Für eine gemischte Bepflanzung sollten die Ampeln wenigstens 20 cm Durchmesser haben.

Hanging Baskets (Hängekörbe): spezielle Form der Blumenampeln; großmaschige Draht-, Metall- oder Kunst-

Die wichtigsten Gefäßmaterialien im Überblick

Kunststoff	leicht, preiswert, relativ bruchfest, gut zu reinigen
Ton	schwer, nicht bruchfest, kaum frostfest; günstiger Luftaustausch über die porösen Wände; Verdunstung über die Gefäßwand erfordert häufigeres Gießen, kann aber Staunässe vorbeugen
Terrakotta	dickwandig, sehr attraktiv, oft mit Verzierungen; bei mehrfacher Brennung und hochpreisiger Qualität weitgehend frosttfest
glasierter Ton	durch Glasierung entfallen Vor- wie Nachteile der porösen Tonwandungen; meist mehr oder weniger frostfest in vielen Farben erhältlich
Holz	mittelschwer, frostfest; erhöht aufstellen, um Fäulnis zu vermeiden, Gefäße evtl. mit Kunststoff auskleiden
Eternit (Faserzement)	relativ schwer, preiswert, atmungsaktiv, frostbeständig, nicht stoßfest; bunter Anstrich mit pflanzenverträglichen Farben möglich
Metall	stabil, frostfest, leicht bis schwer; sofern nicht innen emailliert oder beschichtet, mit Folie auslegen, da sonst pflanzenschädliche Stoffe freigesetzt werden können; an vollsonnigen Plätzen ungünstig, da Wurzelüberhitzung möglich

stoffkörbe, mit meist 25–50 cm Durchmesser, die rundum reizvoll bepflanzt werden können.

Fast alle der genannten Behältnisse, auch Ampeln, sind mittlerweile als **Wasserspeichergefäße** erhältlich. Bei diesen dient der untere, durch eine Zwischenwand abgetrennte Teil als Wasserreservoir, das man über einen Einfüllstutzen auffüllt. Über Ansaugkegel, Dochte, Spezialvliese oder Lamellen wird das Wasser dann nach und nach an die Erde im oberen Gefäßbereich und damit an die Pflanzenwurzeln abgegeben. So können Sie sich selbst in heißen Sommern einige Tage das Gießen sparen.

Die Gefäße sollten mit Wasserstandsanzeiger und einer Überlaufvorrichtung ausgestattet sein.

Worauf Sie unbedingt achten müssen

Um zu pflanzen- und zugleich praxistauglichen Gefäßen zu kommen, sollten Sie folgende Punkte bei der Auswahl berücksichtigen:

● Alle Gefäße müssen Abzugslöcher an der Gefäßunterseite oder entsprechende Vorstanzungen zum Durchstoßen haben, damit überschüssiges Wasser ablaufen kann, andernfalls drohen Staunässe und Wurzelfäulnis. Eine Ausnahme bilden natürlich Behältnisse für Wasser- oder Sumpfpflanzen. Bei Ampeln ist allerdings das herabtropfende Wasser problematisch, weshalb nur manche Modelle mit Überlauföffnungen angeboten werden. Sie können Hängegewächse aber auch in Töpfe mit Abzugsloch pflanzen, die Sie dann in größere, unten geschlossene Hängegefäße einsetzen. Hierbei empfiehlt sich Blähton zwischen Topf und Ampelgefäß als Dränageschicht.

● Die Gefäßgröße sollte der Pflanzengröße und Wuchsform angepasst sein und darf nicht zu klein gewählt werden. Zu großzügig sollten die Gefäße allerdings auch nicht ausfallen: Es reicht, wenn der Wurzelballen bequem Platz findet und sich rundum jeweils noch einige Zentimeter frische Erde einfüllen lassen.

● Das Gewicht des Pflanzgefäßes ist eine Frage der Größe sowie des Materials. Schwere Gefäße sind standfester, aber unbequem zu transportieren. Denken Sie auch an die Belastbarkeit von Balkongeländer und -boden. Schon große, lange Balkonkästen haben ein beachtliches Gewicht, wenn die Erde feucht ist. Berücksichtigen Sie, dass gerade Wasserspeichergefäße recht schwer sind.

● Ungewöhnlich geformte oder gefärbte Gefäße sind zwar oft besonders attraktiv, haben aber manchmal ihre Tücken. Extrem bauchige Gefäße z. B. erweisen sich häufig als recht unbequem, sobald es ans Umtopfen geht. Hohe, schlanke Amphoren oder schmale Blechtöpfe neigen

➤ Verschiedene Gefäßformen und -materialien unterstreichen die Pflanzen auf ganz unterschiedliche Weise.

bei stärkeren Winden zum Umfallen. Schwarze Gefäße sind an sehr sonnigen Plätzen nachteilig, weil die dunkle Farbe die Strahlung absorbiert; im Hochsommer wird das manchen Pflanzen regelrecht zu heiß.

● Schauen Sie sich beim Kauf der Pflanzgefäße am besten auch gleich nach geeigneten Befestigungsvorrichtungen (siehe Seite 26/27, 28/29) um. Auch genügend große und stabile Untersetzer, Kübelroller für große Töpfe sowie Kübelfüße für eine erhöhte Aufstellung zwecks besserem Wasserablauf gehören zum wichtigen und praktischen Zubehör.

Tipps für Pflanzenkauf und Substratwahl

Zugegeben – ich kaufe manchmal selbst gern Pflanzen nach Lust und Laune ein, ohne vorher bis ins Letzte zu überlegen, ob ich ihnen optimale Standorte bieten kann oder ob sie zur Gestaltung passen. Doch stets nehme ich mir die Zeit, die Pflanzen beim Einkauf genau zu betrachten. Sorgfältig ausgesuchte, gesunde Pflanzen machen später am meisten Spaß und am wenigsten Arbeit. Und in hochwertigen Erden, auch Substrate genannt, gedeihen sie am besten.

Jungpflanzen für jede Balkonsaison werden oft in Super- und Baumärkten angeboten, häufig recht preiswert und mit akzeptabler Qualität. Doch die Gewähr für optimale Pflege von der Anzucht bis zum Verkauf und sachkundige Beratung – das bietet nur der Fachhandel. Zudem ist hier die Auswahl meist größer und beschränkt sich nicht nur auf die allerüblichsten Arten.

 Pflanzenkauf-Termine

Hauptangebotszeiten für Balkonpflanzen:
- ➤ Frühjahrsbepflanzung: Februar/März
- ➤ Sommerbepflanzung: April/Mai
- ➤ Herbstbepflanzung: September
- ➤ Winterbepflanzung: Oktober

 Günstige Kauftermine

- ➤ für Kübelpflanzen: Mai, Juni
- ➤ für Topfgehölze und winterharte Stauden: ab März/April

»Zeitgemäßer« Einkauf bringt die größte Auswahl

Nach Beginn der nebenstehend genannten Hauptverkaufszeiten finden Sie in der Regel das größte Angebot an Balkon- und Kübelpflanzen und sind damit auch gut im »Timing« was die Pflanztermine betrifft. Besonders zeitig angebotene und blühende Exemplare werden häufig mit allerlei gärtnerischem Aufwand im geheizten Gewächshaus vorgezogen. Auf Balkon und Terrasse enttäuschen sie dann öfter, weil sie nicht robust genug sind oder die verfrühte Blütenpracht eben auch vorzeitig »verpufft«.

Bei Sommerblumen hat sich der klassische Pflanztermin ab Mitte Mai (nach den »Eisheiligen«) bewährt. Deutlich früher gekaufte Pflanzen müssen notfalls geschützt untergebracht werden, sollten nachts nochmals Spätfröste auftreten.

Machen Sie einen gründlichen »Pflanzen-Check«

Sehen Sie sich die gewünschten Pflanzen am Verkaufsort ganz genau an, auch die Blattunterseiten. Staksiger Wuchs, gelbe oder braune Blattränder, stark aufgehellte, fleckige oder schlaffe Blätter – das alles können Anzeichen mangelnder Pflege oder gar von Krankheits- und Schädlingsbefall sein. Solche Pflanzen brauchen Sie gar nicht erst mit heimzunehmen.

Auch Wurzeln, die schon weit aus dem Abzugsloch herauswachsen oder fast den Verkaufstopf sprengen, sind keine Empfehlung.

Bevorzugen Sie kompakte, gut verzweigte Pflanzen mit gesundem, kräftig grünem Blattwerk und Balkonblumen, die reichlich Knospen zeigen.

Prüfen Sie Kübelpflanzen besonders sorgfältig

Kübelpflanzen und Topfgehölze sind eine längerfristige Anschaffung und oft nicht ganz billig, Sie sollten sie daher besonders sorgfältig begutachten. Bitten Sie im Zweifelsfall den Verkäufer bzw. Gärtner, den Topf zu entfernen, damit Sie sich den Topfballen anschauen können: Er sollte gut durchwurzelt sein, mit saftigen, eher hellen Wurzeln und ohne Faulstellen. Ist der Verkaufstopf schon recht eng, können Sie beim Kauf im Frühjahr, notfalls auch noch im Sommer, gleich umtopfen. Wählen Sie das neue Gefäß so, dass je nach Pflanzengröße zwischen Wurzelballen und Gefäßwand 2–4 cm Platz bleiben. Die meisten Kübelpflanzen dürfen erst ab Mitte Mai ins Freie gebracht werden, kälteverträglichere Topfgehölze können schon ab März nach draußen.

Sparen Sie nicht an der Substratqualität

Sicher, notfalls tut es auch eine x-beliebige Blumenerde – doch wenn man mehrmals gute, etwas teurere Substrate ausprobiert hat, merkt man doch deutliche Unterschiede. Qualitätserden bleiben lange strukturstabil, speichern Nährstoffe und Wasser gut, vernässen aber nicht so schnell und puffern bis zu einem gewissen Grad Extreme jeder Art ab. Ganz besonders empfehlen sich hochwertige Substrate, z. B. so genannte Einheitserden, für Kübelpflanzen und andere Mehrjährige. Für Balkon- und Kübelpflanzen gibt es mittlerweile auch torffreie Qualitätssubstrate, die sich in der Praxis gut bewährt haben. Durch ihre Verwendung kann man einen kleinen, aber nicht unwichtigen Beitrag zur Erhaltung bedrohter Moorlandschaften leisten.

Sind bestimmte Spezialerden notwendig?

In jedem Fall empfehlenswert sind Rhododendron- oder Azaleensubstrat, nicht nur für Rhododendren, sondern auch für andere Pflanzen, die den Kalkgehalt normaler Erden nicht vertragen und deshalb saure Substrate brauchen. Auch Zitruspflanzen bevorzugen saure oder eigens für sie ausgewiesene Substrate. Spezielle Petunienerde erweist sich vor allem bei starkwüchsigen Hängepetunien und Zauberglöckchen als vorteilhaft und verringert das durch Eisenmangel hervorgerufene Aufhellen der Blätter.
Pelargonien, auch Geranien genannt, gedeihen zwar in jeder guten Balkonerde, die so genannten Geranienerden sind aber besonders hochwertige Mischungen, die sich auch für andere nährstoffliebende Pflanzen gut eignen.

Balkonpflanzen gekonnt anordnen

Munteres Drauflospflanzen kann durchaus zu attraktiven, besonders lebendig wirkenden Balkonkästen führen. Doch häufig geht diese Methode auch schief. Durch gezielteres Anordnen ist viel eher gewährleistet, dass sich alle Pflanzen später gut entwickeln und zu einem stimmigen Gesamtbild beitragen.

Kombinieren Sie nur Pflanzen mit ähnlichen Ansprüchen an Licht und Wasserversorgung. Auch der Nährstoffbedarf der einzelnen Pflanzen sollte nicht allzu unterschiedlich sein, obwohl man dies durch gezieltes Düngen etwas ausgleichen kann.

Beachten Sie stets die jeweils nötigen Pflanzabstände, wie sie im Porträtteil (ab Seite 70) genannt sind. Gönnen Sie zarten Pflanzen etwas zusätzlichen »Sicherheitsabstand« zu stark- und breitwüchsigen Arten oder pflanzen Sie Letztere gleich ganz getrennt bzw. nur mit robusteren Gewächsen zusammen. Machen Sie sich keine Gedanken, wenn die Kästen gleich nach dem Einpflanzen noch etwas spärlich aussehen – die Lücken schließen sich in der Regel bald.

Beim Bepflanzen der Balkonkästen gehen Praxis und Gestaltung Hand in Hand, denn zum einen sollen die Pflanzen optimal wachsen, zum andern streben wir Kombinationen an, die zu echten »Hinguckern« werden. Dabei ist neben der hier beschriebenen Anordnung der Wuchsformen natürlich besonders die Farbzusammenstellung (Seite 128/129) entscheidend.

Zweireihige Bepflanzung für breite Balkonkästen

Wenn die Kästen breit bzw. tief genug sind (wenigstens 18–20 cm, besser noch mehr), können Sie die Pflanzen in zwei Reihen anordnen: In die hintere Reihe kommen hohe Arten wie aufrechte Pelargonien, Fuchsien oder Vanilleblumen. Die vordere Reihe bepflanzt man mit kleineren, kompakten Arten wie Leberbalsam oder mit Hängepflanzen, etwa Hängeverbene oder Schneeflockenblume. Setzen Sie dabei die Pflanzen der vorderen Reihe jeweils so ein, dass sie in der Mitte (»auf Lücke«) zwischen zwei der hinteren Pflanzen zu stehen kommen. (Von oben gesehen sind sie dann in Dreiecksform angeordnet.)

Von diesem Grundprinzip ausgehend sind natürlich vielfältige Varianten möglich. Gern verwendet man z. B. für die Seitenpositionen hinten opulente Hängepflanzen wie Petunien oder Zauberglöckchen. Solche Arten können auch die ganze Kastenseite einnehmen, indem man sie genau auf Mitte zwischen hinterem und vorderem Kastenrand pflanzt. Sie können aber auch als zentrale Blickpunkte eingesetzt werden, wenn ihre langen Triebe üppig in der Kastenmitte herunterwallen.

In geräumigen Kästen ist sogar eine dreireihige Anordung möglich: hinten hohe, davor mittelgroße Arten und ganz am vorderen Kastenrand kleine Hängepflanzen. Pflanzen Sie diese dann wieder versetzt, d. h. auf Lücke zur Reihe dahinter ein.

Einreihige Bepflanzung für schmale Balkonkästen oder starkwüchsige Pflanzen

Eine einreihige Anordnung empfiehlt sich bei schmalen Kästen mit geringer Tiefe für sehr starkwüchsige Arten und für Winterbepflanzungen mit immergrünen Zwergehölzen. Durch Kombination aufrechter, halb hängender und hängender, langtriebiger Pflanzen können Sie ein sehr abwechslungsreiches Bild erzielen. Auch Kästen mit Pflanzen nur einer Art in verschiedenen Blütenfarben oder Ton-in-Ton können eine große Wirkung entfalten. Die Pflanzreihe muss nicht schnurgerade sein, hängende Arten z. B. kann man etwas weiter nach vorn setzen.

Symmetrie erzeugt Harmonie und verstärkt die Wirkung einzelner Pflanzen

Ob ein- oder zweireihig, bei einer symmetrischen Anordnung sind beide Kastenhälften (fast) spiegelbildlich, sowohl in der Anordnung der Wuchshöhen und -formen als auch der Blütenfarben. Zwei verschiedene Grundprinzipien mit vielen Variationsmöglichkeiten:
1. Die höchsten Pflanzen stehen in der Mitte, nach beiden Seiten schafft man eine abfallende Linie mit niedrigeren Arten und schließlich Hängepflanzen.
2. In der linken und rechten Hälfte bildet jeweils dieselbe hochwüchsige, markante Pflanze den Mittelpunkt oder »rutscht« sogar ganz an den seitlichen Rand.

Eine asymmetrische Anordnung sorgt für Spannung

Hierbei verschieben Sie den optischen Schwerpunkt, also die größte oder eindrucksvollste Pflanze, zu einer Seite hin. Die Begleitpflanzen können wieder zu beiden Seiten so in der Höhe gestaffelt werden, dass sich abfallende Linien ergeben, die nun aber ungleich lang sind. Wirkungsvolle Asymmetrie entsteht auch, wenn in der einen Kastenhälfte eine aufrechte, buschige Art das Bild dominiert, in der anderen dagegen eine prächtige Hängepflanze.

So bepflanzen Sie einen Balkonkasten

 Das benötigen Sie

- Balkonkästen
- Blumenerde, Substrat
- Dränagematerial (Kies, Blähton, Tonscherben)
- evtl. Bewässerungsvliese, Langzeitdünger

 Diese Zeit brauchen Sie

20–30 Minuten je Kasten

 Der richtige Zeitpunkt

Mai, für Saisonbepflanzungen
März bzw. September/Oktober

Wenn die Kästen gleich ihren Bestimmungsort schmücken sollten, wählen Sie zum Pflanzen bevorzugt mäßig warme Tage mit leicht bedecktem Himmel. Noch besser ist es, die bepflanzten Balkonkästen zunächst geschützt und leicht beschattet aufzustellen und sie erst allmählich draußen abzuhärten. Das empfiehlt sich besonders, wenn man mit dem Pflanzen sehr früh dran ist. Denn der bewährte Termin für den endgültigen Frischluftaufenthalt liegt nach wie vor Mitte Mai (»nach den Eisheiligen«). Ich ließ mich selbst schon manchmal durch warmes Aprilwetter verleiten, die Kästen vorzeitig ins Freie zu stellen, um mich dann über Schäden nach kühlen Mainächten zu ärgern

Reinigen Sie zuvor bereits benutzte Kästen mit Wasser, Schmierseife und einer kräftigen Bürste; gegen Kalkbeläge hilft lauwarmes Essigwasser. Kästen aus unglasiertem Ton legen Sie am besten zuerst 1–2 Tage komplett in ein Wasserbad, damit die porösen Wände dem Substrat später keine Feuchtigkeit entziehen.

1. Für guten Wasserabfluss sorgen

Bei manchen Kästen müssen als Erstes die vorgestanzten Abzugslöcher an der Unterseite vorsichtig durchstoßen werden. Das Dränagematerial dient dazu, ein Verstopfen dieser Löcher und somit Staunässe im Kasten zu vermeiden. Legen Sie dazu z. B. Tonscherben über den Abzugslöchern aus. Sie können aber auch den ganzen Kastenboden mit leichtem Material wie Blähton abdecken, das sorgt für einen besonders guten Wasserabfluss. Eine Alternative sind Bewässerungsmatten oder -vliese, die auf dem Kastenboden ausgebreitet werden. Sie saugen Gieß- und Regenwasser auf, geben es nach und nach an die Wurzeln ab und reduzieren so den Gießaufwand.

2. Erde einfüllen und Pflanzanordnung festlegen

Bevor Sie die erste Erdschicht einfüllen, können Sie dem Substrat gleich einen Langzeitdünger untermischen, eine Maßnahme, die sich vor allem bei Arten mit hohem Nährstoffbedarf empfiehlt. Füllen Sie den Kasten dann etwa zur Hälfte mit Erde auf und drücken Sie diese leicht an. Trockenes Substrat wird am besten gleich etwas angefeuchtet.

Nun sollten Sie die Pflanzen – zunächst noch im Topf – im halbvollen Kasten so aufstellen, wie sie später gepflanzt werden sollen, um die geplante Anordnung (siehe Seite 18/19) zu überprüfen.

3. Pflanzen einsetzen

Nehmen Sie die Pflanzen behutsam aus ihren Töpfen; evtl. müssen Sie dazu die umgekehrt gehaltenen Töpfe vorsichtig an der Hand oder am Kastenrand aufstoßen. Feuchten Sie trockene Ballen vor dem Einsetzen gründlich an und lockern Sie stark zusammengepresstes Wurzelwerk vorsichtig auf.

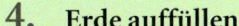

Expertentipp

Ich nehme beim Einsetzen oft einen Zollstock zu Hilfe; man neigt doch gern dazu, bei den Abständen etwas zu »schummeln«.

4. Erde auffüllen

Füllen Sie zunächst noch Erde unter den Wurzelballen ein, um die Pflanzen so auszurichten, dass sich die Ballenoberfläche später etwa 2 cm unter dem oberen Kastenrand befindet. »Unterfüttern« Sie ruhig etwas mehr Erde, weil sich das Ganze später noch leicht absenkt.
Füllen Sie gleich nach dem Einsetzen jeder Pflanze auch seitlich jeweils etwas Substrat ein, das Sie leicht andrücken, um die Pflanzen zu stabilisieren. Füllen Sie zum Schluss die Lücken zwischen den Pflanzen mit Erde, gleichen Sie Unebenheiten aus und drücken Sie die Oberfläche etwas fest, so dass oben 2 cm als Gießrand bleiben.

5. Richtig und gründlich angießen

Nach dem Pflanzen müssen Sie die Erde kräftig durchfeuchten. Ich gieße dazu stets ohne Brauseaufsatz zwischen die Pflanzen, und das in mehreren Wassergaben mit kleinen Pausen, so dass kaum Wasser auf der Substratoberfläche stehen bleibt, sondern vollständig versickert. Stellen Sie den Kasten am besten etwas erhöht auf, damit überschüssiges Gießwasser gut ablaufen kann. Beim Wässern setzt sich die Erde meist noch etwas; eventuell entstehende Mulden füllen Sie am besten gleich wieder mit Substrat auf.

Hanging Baskets – Blütenpracht rundum

»Typisch englisch« sind diese allseits bepflanzten Hängekörbe, die in Großbritannien eine lange Tradition haben. Wenn sie im Sommer rundum mit Blüten und wallenden Trieben bedeckt sind, ergeben sie einen herrlichen Anblick. Mehr oder weniger hängende Gewächse spielen bei der Bepflanzung die Hauptrolle. An den Seiten, vor allem im unteren Bereich, setzt man bevorzugt langtriebige Hängepflanzen ein. Darüber – immer noch seitlich – können dann etwas überhängende bis buschige Pflanzen kommen. Die Korboberseite wird zumindest an den Rändern mit leicht bis stark hängenden Pflanzen bestückt.

Soll der Korb so tief aufgehängt werden, dass man die Oberseite betrachten kann, können auch auffällige aufrechte Arten die Mitte oben krönen.

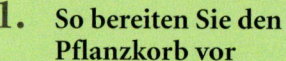

 Das benötigen Sie

- ➤ Hängekorb mit Aufhängekette und stabilem Haken
- ➤ Kokos- oder Kartoneinlagen, ersatzweise Moos, Filz oder Sisalmatten zum Auskleiden
- ➤ kräftige Kunststofffolie
- ➤ gutes Substrat
- ➤ evtl. Langzeitdünger

 Diese Zeit brauchen Sie

30–60 Minuten

 Der richtige Zeitpunkt

Mai, für Herbstbepflanzung September/Oktober

1. So bereiten Sie den Pflanzkorb vor

Am besten lässt sich arbeiten, wenn man den Korb auf einen Eimer oder großen Topf stellt. Oft werden Hanging Baskets schon mit passenden Kokos- oder Kartoneinsätzen angeboten, die man auch separat kaufen kann. Andernfalls verwendet man selbst zugeschnittene Kokos- oder Filzmatten oder Sphagnum-Moos (in Blumenläden oder im Bonsai-Fachhandel erhältlich). Damit werden die Korbwandungen rundum ausgekleidet. Gerade bei Verwendung von Moos empfiehlt sich innen zusätzlich eine kräftige Folie, die das Herausrieseln von Erde verhindert; durch ein unten eingeschnittenes kleines Loch kann Überschusswasser ablaufen.

2. Tricks und Kniffe für das seitliche Bepflanzen

Befüllen Sie jetzt den Korb mindestens zur Hälfte mit Erde für die seitlich einzusetzenden Pflanzen. Ich empfehle Ihnen, gleich einen Langzeitdünger unter die Erde zu mischen. Schneiden Sie nun an den vorgesehenen Stellen an der Seite vorsichtig Schlitze bzw. Löcher in das Auslegematerial. Das »Einfädeln« der Wurzelballen wird manchmal zum Geduldsspiel. Es gelingt am besten, wenn die Ballen zuvor gut angefeuchtet werden, was sich ohnehin empfiehlt. Pfiffige Gärtner haben sich einen Trick einfallen lassen, der das Ganze erleichtert: Die ganzen Pflanzen werden der Länge nach mit einer recht dicken, starren Folie umwickelt. In dieser »Röhre« lassen sich die Pflanzen leicht in die seitlichen Öffnungen einschieben.

3. Korbseiten bepflanzen – mit Fingerspitzengefühl

Schieben Sie die eingetüteten Pflanzen mit den Erdballen voran behutsam durch die Löcher. Jetzt zeigt sich gleich der Vorteil der Tütenmethode: Selbst wenn man etwas »ruckeln« muss, fällt der Ballen nicht auseinander. Drücken Sie die Ballen nun so weit hinein, dass sie sich vollständig innerhalb der Korbwandung befinden und später komplett mit Erde bedeckt sind. Ziehen Sie dann vorsichtig die Folie heraus.

▶ *Expertentipp*

Wählen Sie für die seitliche Bepflanzung möglichst kleine Jungpflanzen mit schmalen Erdballen.

4. So bereiten Sie die Bepflanzung der Korboberseite vor

Füllen Sie nun zunächst so viel Substrat auf, dass alle Wurzeln der seitlichen Pflanzen gut abgedeckt sind. Drücken Sie dabei die Erde um die Ballen herum etwas an, damit sie einen guten Halt bekommen. Trockenes Substrat wird gleich angefeuchtet, eine Lage Moos darüber hat sich als günstig erwiesen. Danach kommt die Erde für die Pflanzen oben an die Reihe, zunächst nur so viel, dass diese in der richtigen Höhe, bis knapp unter dem Korbrand, zu stehen kommen.

▶ *Expertentipp*

Bei zu groß geschnittenen Löchern ist Moos zum Fixieren der Pflanzen hilfreich.

5. Oben bepflanzen, angießen, aufhängen – genießen

Beim Einsetzen der Pflanzen für die Korboberseite gehen Sie so vor, wie beim Bepflanzen von Balkonkästen (Seite 20/21). Legen Sie am besten einen Gießrand von 2–3 cm an, damit das Wasser später nicht so leicht überläuft. Füllen Sie die restliche Erde bis zu dieser Höhe auf, schneiden Sie überstehende Ränder der Auslegefolie ab und gießen Sie den Hanging Basket gründlich an. Am Bestimmungsort aufgehängt wird er am besten erst, wenn das Substrat nach mehrmaligem Gießen gründlich durchfeuchtet ist und lose Erde- sowie Moosreste herausgespült sind. Dann werden Sie auch gleich feststellen, dass der Korb schon ein beachtliches Gewicht haben kann, weshalb eine sichere Aufhängung (Seite 28/29) nötig ist.

Kübelpflanzen richtig ein- und umtopfen

- ➤ neuer Topf/Kübel (2–8 cm breiter als der vorherige)
- ➤ gutes Substrat
- ➤ Dränagematerial
- ➤ Langzeitdünger

 Diese Zeit brauchen Sie

15–20 Minuten je Pflanze

 Der richtige Zeitpunkt

März bis Ende Mai; anfangs jährlich, später alle 2–3 Jahre

Die regelmäßige Versorgung mit frischer Erde wirkt bei den meisten Kübelpflanzen und Topfgehölzen wie ein Lebenselixier. Sie erweist sich manchmal sogar als Lösung bei scheinbar unerklärlichen Wuchsproblemen oder Blühunwilligkeit. Warten Sie also mit dem Umtopfen nicht, bis die Wurzeln aus dem Gefäß herausquellen, und versorgen Sie Ihre Pflanzen des Öfteren mit neuem Substrat.
Es gibt aber auch Ausnahmen: Schmucklilien (Agapanthus) und ältere Rosmarinpflanzen z. B. wollen so selten wie möglich umgetopft werden.
Wenn Sie gebrauchte Gefäße zum Eintopfen verwenden, dann müssen Sie diese vorher gründlich reinigen. Tongefäße sollten 1–2 Stunden lang gut gewässert werden, da sie sonst der Pflanzerde sehr schnell die Feuchtigkeit entziehen.

Wann muss eine neu gekaufte Kübelpflanze umgetopft werden?

Oft werden Kübelpflanzen schon in genügend großen, ansehnlichen Gefäßen verkauft, so dass das erste Umtopfen noch Zeit hat. Wenn jedoch der Ballen im Verkaufstopf völlig durchwurzelt ist, dann gönnen Sie der Neuanschaffung sobald wie möglich ein größeres Gefäß und frische Erde. Doch ab Spätsommer sollten Sie besser nicht mehr umtopfen, weil dann das Wurzelwachstum nachlässt – warten Sie im Zweifelsfall bis zum nächsten Frühjahr.
Der neue Topf sollte so groß sein, dass 2–4 cm Platz zwischen Wurzelballen und Gefäßwand bleibt. In den Folgejahren topft man je nach Wuchsstärke der Pflanze alle 1–2 Jahre um.

So topfen Sie richtig ein

Tonscherben über dem Wasserabzugsloch, bei großen Töpfen besser noch eine 2–3 cm hohe Dränageschicht (Scherben, Blähton, Kies) sorgen später für guten Wasserabfluss. Dem Substrat kann man gleich Langzeitdünger beimengen. Ich mische bei sehr staunässeempfindlichen Art auch noch etwas Sand oder Kies unter. Geben Sie dann soviel Erde in den Topf, dass die Ballenoberfläche der Kübelpflanze 2–3 cm unter dem Gefäßrand zu stehen kommt – also in der Höhe des späteren Gießrands. Füllen Sie dann seitlich die restliche Erde auf, drücken Sie die Oberfläche an und gießen Sie abschließend gründlich.

Tipps und Tricks zum Umtopfen älterer Pflanzen

Wenn der Erdballen schon stark durchwurzelt ist, hilft beim Austopfen oft nur noch ein kräftiges Messer, um die Wurzeln rundum von der Topfwand abzulösen. Es kann auch vorkommen, dass Sie den Topf zerschlagen oder zerschneiden müssen, um die Pflanze freizubekommen. Packen Sie die Pflanzen beim Herausheben unten, am stabilsten Teil der Stammbasis an; große Exemplare lassen sich leichter umtopfen, wenn man sie oben locker zusammenbindet. Das neue Gefäß sollte bei älteren Pflanzen 4–8 cm breiter sein als der vorherige Topf.

Was tun, wenn kein Topf mehr passt?

In der Regel kürzt man nur überlange Wurzeln ein und schneidet abgestorbene Spitzen weg. Doch wenn Kübelpflanzen irgendwann so groß sind, dass sich kaum noch ein passender Topf findet, kann man auch einen starken Wurzelschnitt riskieren.
Schneiden Sie zuerst unten mit einem scharfen Messer eine mehrere Zentimeter dicke Scheibe ab und machen Sie dann an den Seiten 2–3 keilförmige Einschnitte. So können Sie genügend frische Erde einfüllen, ohne dass ein größerer Topf nötig wird. Aber Vorsicht, das Verfahren empfiehlt sich nur bei Pflanzen mit dichtem, gut entwickeltem, gesundem Wurzelwerk. Bewährt hat es sich z. B. bei Engelstrompeten.

Hochstämmchen mit buntem »Unterwuchs«

Sehr reizvoll ist gerade bei Hochstämmchen eine Unterpflanzung mit Sommerblumen oder Stauden, besonders mit Hängepflanzen. Wählen Sie bei noch jungen Kübelpflanzen keine allzu starkwüchsigen Begleiter. Licht-, Wasser- und Nährstoffansprüche sollten in etwa zusammenpassen. Verwenden Sie einen etwas breiteren Kübel, wenn Sie mehrere Pflanzen dazusetzen wollen, und pflanzen Sie diese von der Mitte her nach außen ein. Achten Sie beim Einsetzen darauf, die Wurzeln der Kübelpflanzen möglichst wenig zu verletzen.

Balkonkästen sicher befestigen

Wenn bei milder Maiwitterung die Balkonkästen nach draußen kommen, liegt der Gedanke an sommerliche Gewitterstürme in weiter Ferne. Doch damit müssen Sie leider rechnen, ebenso mit Regengüssen, die das Substrat vernässen und besonders schwer machen, oder auch mit diversen Unachtsamkeiten der Balkonbenutzer. Wappnen Sie sich für solche Fälle, indem Sie die Kästen so stabil wie möglich anbringen. Bei besonderen Befestigungsproblemen oder -wünschen lohnt sich ein Streifzug durch verschiedene Garten- und Baumärkte oder auch im Internet. Es gibt allerhand Speziallösungen, die nebenbei interessante Gestaltungen ermöglichen. Zudem finden sich im Heimwerkerbedarf manchmal Befestigungshilfen, die zwar nicht für Balkonkästen gedacht sind, sich aber gut »zweckentfremden« lassen.

Denken Sie vor dem Aufhängen und Anbringen der Kästen auch an das eventuell herablaufende Gieß- und Regenwasser. Wenn Sie keine Überkästen oder Untersetzer verwenden können oder wollen, muss das Wasser aus den Abzugslöchern so ablaufen können, dass es weder Schäden am Inventar anrichtet noch andere Leute belästigen kann.

Bewährte Lösungen zum Befestigen am Geländer

Zum Anbringen von Balkonkästen an Geländern oder Brüstungen können Sie in der Regel die handelsüblichen verstellbaren Kastenhalter, verzinkt oder farbig beschichtet, verwenden. Sie sind meist für Geländer- oder Mauerbreiten bis 14 cm ausgelegt und eignen sich für 20 cm, manchmal auch 22 cm Kastenbreite. Für noch breitere Kästen müssen Sie allerdings oft nach Spezialanfertigungen suchen, falls der Verkäufer nicht gleich passende Halterungen mit anbietet. Besonders vorteilhaft, gerade wenn die Kästen nach außen aufgehängt werden, sind Halterungsmodelle, die oben nochmals eine verstellbare Schiene haben. Diese kommt dann über der Kastenoberfläche zu stehen und dient als zusätzliche Kippsicherung. Ähnlich funktionieren spezielle Kasten-Niederhalter oder Sturmsicherungen. Wenn Sie Ihre Kästen nicht hängen, sondern auf der Brüstung aufsetzen wollen, empfehlen sich Kastenhalterungen in H-Form. Des Weiteren bietet der gut sortierte Fachhandel Halterungen an, mit denen Sie Kästen auch an senkrechten Geländerstreben in beliebiger Höhe befestigen können. Für die schweren Ton- und Terrakottakästen, Eternit- oder Wasserspeichergefäße benötigen Sie besonders solide Halterungen. Hier sollten Sie auch darauf achten, dass die Befestigungselemente wie Schrauben und Dübel stabil und kräftig sind.

Drahtüberkörbe – eine pfiffige Lösung für Kästen und Töpfe

Stahldrahtkörbe in Kastenform lassen sich mit passenden Metallschienen, -scheiben oder -haken aus dem Baumarkt fast überall sicher befestigen. Der Balkonkasten wird dann einfach hineingestellt.
Sie können in solch einem Korb aber auch mehrere Töpfe nebeneinander unterbringen (siehe Seite 28).

➤ *Expertentipp*

Genügend große Körbe bieten zudem die Möglichkeit, Untersetzer zu verwenden.

Kästen und Töpfe an Fenstern und Wänden

Für Fensterbänke mit genügend großem, vorstehendem Sims eignen sich Kastenhalter mit so genannter Ecksicherung oder Blumenkastensicherung – einer seitlichen »Nase«, die das Wegrutschen oder -kippen verhindert. Für die Befestigung am oder unter dem Fenster sowie an Mauern hat sich der Spezial-Fachhandel so einiges einfallen lassen, von Fensterhaltern mit verstellbaren »Teleskop«-Armen bis zur Befestigung ohne Bohren und Schrauben. Wo Sie bohren und dübeln dürfen, können Sie für die Anbringung an der Wand bzw. unterhalb des Fensters auch stabile Regalsysteme verwenden, soweit die Materialien für den Außenbereich geeignet sind.

Preiswert und einfach zu befestigen: ein Überkasten aus Holz

Ein Überkasten aus Holz, in dem nicht nur der bepflanzte Kunststoffblumenkasten, sondern auch noch ein Untersetzer Platz findet, bietet den Vorteil, dass Sie an ihm einfach und beliebig Haken anbringen können. Beidseits zwei Schraubhaken, über stabile Ketten mit zwei gut verankerten Wandhaken links und rechts des Fensters verbunden, der Kasten durch Keile unterseits stabilisiert – fertig ist die individuelle Anbringung, die sich ganz nach Bedarf variieren lässt.

Viel Platz für Töpfe und Ampeln

Töpfe müssen nicht immer nur auf dem Boden oder einer Blumenbank stehen – mit Hilfe verschiedener Hängevorrichtungen können sie auch andere Ebenen Ihres Balkons oder der Terrasse erobern und sich z. B. den »Luftraum« mit Hanging Baskets oder Ampeln teilen. Aber was hoch hängt, kann freilich auch fallen, teils mit verheerenden Folgen – sichere Anbringung ist deshalb oberstes Gebot. Wie schon bei der Befestigung von Balkonkästen erwähnt, kann man durch geduldiges Stöbern im Angebot besonders gute und interessante Aufhängelösungen finden. Ob Garten- und Baumärkte, Gärtnereien, Blumenläden oder Versender von Garten- und Heimwerkerbedarf – der Fachhandel hat den speziellen Reiz vielfältiger und unkonventioneller Pflanzenaufhängungen erkannt und auf den Bedarf mit entsprechenden Lösungen reagiert.

 Das benötigen Sie

- Halterungen
- Draht und Drahtschere
- Bohrmaschine, Hammer, Bleistift zum Anzeichnen
- Dübel, Schrauben, Haken
- Lattenstücke zur Unterlegung oder als Abstandshalter
- Gips samt Becher und Spachtel, besonders für stark belastete Dübel

 Diese Zeit brauchen Sie

15–30 Minuten für Aufhängung mit Bohren und Dübeln

Töpfe am Geländer

Solche Topfhalter werden mit ihren Bügeln einfach ans Geländer gehängt. An windexponierten Stellen sollten Sie sie allerdings zusätzlich mit etwas Draht festbinden. Angeboten werden sie meist mit Durchmessern zwischen 18 und 22 cm. Sie bestehen in der Regel aus beschichtetem Stahldraht und haben einen integrierten Bodenteller, der gleichzeitig als Untersetzer dient.

An Balkongeländern mit Querstreben können Sie mit diesen Halterungen Blumentöpfe überall dort anbringen, wo sich die Bügel einhängen lassen: Auf diese Weise lassen sich mit einigen verschieden bepflanzten Töpfen sehr reizvolle Arrangements inszenieren.

Topfparade im breiten Topfhalter

Im Handel gibt es auch breitere Topfhalter, in denen zwei oder gar drei Töpfe nebeneinander Platz finden. Dieselbe Möglichkeit bieten rechteckige, kastenförmige Drahtkörbe (Seite 27). Oder Sie nehmen einfach einen leeren Balkonkasten und stellen die bepflanzten Töpfe hinein. Das Schöne daran: Einzeln in Töpfe gesetzt, lassen sich Gewächse zueinander gesellen, die sich bei gemeinsamer Pflanzung im Kasten nicht miteinander vertragen oder die sehr unterschiedliche Wasser- und Nährstoffansprüche haben. Außerdem können früh verblühte oder kränkelnde Pflanzen besonders leicht ausgetauscht werden.

Ampeln in luftiger Höhe

Ampeln und Hängekörbe wirken am schönsten, wenn die Triebe der Hängepflanzen in luftiger Höhe pendeln. Wenn nicht gerade ein passend hoher Geländer- oder Pergolabalken zur Verfügung steht, muss die Decke angebohrt werden – sofern es deren Material und der eventuelle Vermieter erlauben. Tauschen Sie im Zweifelsfall die mitgelieferten Befestigungen und Hängeketten gegen solidere Utensilien (z. B. größere Dübel, Haken, Schrauben) aus dem Baumarkt aus, denn gerade an der Decke muss alles bombenfest sitzen. Bei etwas »fragwürdigen« Decken schraube ich zuerst eine dicke, kurze Latte an, die ich mit mehreren (eingegipsten) Dübeln befestige. In die kommt dann ein stabiler Schraubhaken für die Ampel. So verteilt sich das Gewicht auf mehrere Befestigungspunkte.

Pflanzen an der Wand

Wandampeln oder Wandtöpfe haben bereits Löcher oder andere Vorrichtungen, über die sie direkt an der Mauer angeschraubt werden. Das Gleiche gilt für Topfhalter, die für die Anbringung an der Fassade vorgesehen sind.
Üppig bepflanzte Ampeln oder Hanging Baskets brauchen natürlich wesentlich mehr Abstand von der Wand. Für solche Zwecke gibt es Seitenwandaufhängungen mit langen Armen, die oft sehr dekorativ gestaltet sind. Achten Sie auch bei der Wandaufhängung auf eine besonders stabile Befestigung.

> ▶ *Expertentipp*
>
> *Bei Bedarf können Sie auch hier –wie bei den Ampeln – schmale Latten als Abstandshalter unterlegen.*

Zusätzliche Pflanzflächen

Balkongeländer, Decke, Wand – damit sind die Aufhängemöglichkeiten für Töpfe und Ampeln noch lange nicht erschöpft. Für Regenfallrohre z. B. bietet der Fachhandel spezielle Fallrohr-Pflanztöpfe an. Rank- oder Sichtschutzgitter verwandeln sich in blühende Abschirmungen, wenn Sie in verschiedenen Höhen Töpfe mit Topfhaltern und Ampeln aufhängen. Auf dieselbe Weise lassen sich Wände begrünen und als zusätzliche Pflanzflächen nutzen, wenn Sie daran ein stabiles Holz- oder Stahldrahtgitter befestigen. Das muss freilich solide an der Mauer verankert werden. Dübeln Sie am besten zuerst einige dicke Holzklötze oder Latten als Abstandshalter an, auf die Sie das Gitter dann aufschrauben.

Wie sieht die Balkonnutzung in Mietwohnungen aus?

Wenn der Mietvertrag nichts anderes besagt, können Sie den Balkon beliebig nutzen und gestalten – solange nicht die Mietsache beschädigt oder Mitmieter beeinträchtigt werden. Auch die Störung des »architektonisch-ästhetischen Gesamteindrucks« kann zum Streitpunkt werden.

So können Sie vorbeugen:

Klären Sie potenziell kritische Punkte vorsichtshalber mit dem Vermieter ab, so z. B. das Anbringen von Rankgittern; ebenso außergewöhnliche Gestaltungen wie etwa eine naturnahe Bepflanzung.

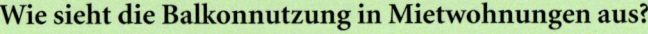

Wie tragfähig ist der Balkon?

Schwere Gefäße (z. B. Kübelpflanzen, große Ziergehölze, Miniteiche) können im Verein mit massiven Bodenbelägen und Möbeln Balkonboden und Stützkonstruktion stark belasten oder gar überlasten.

So können Sie vorbeugen:

Beachten Sie die allgemeine Höchstgrenze von 250 kg pro Quadratmeter, die freilich je nach Konstruktion auch niedriger ausfallen kann. Lassen Sie im Zweifelsfall die Statik und Tragfähigkeit Ihres Balkons durch einen Bauingenieur überprüfen.

Verursachen Kletterpflanzen Schäden?

Kletterer mit Haftwurzeln wie Efeu können bei nicht ganz intaktem Putz die Fassade schädigen; kräftige Ranken, z. B. vom Schlingknöterich, können Regenrinnen verstopfen oder sogar eindrücken.

So können Sie vorbeugen:

Leiten Sie Wurzelkletterer nicht direkt an der Wand, sondern an einem Rankgerüst mit Abstandshaltern hoch. Halten Sie starkwüchsige Arten regelmäßig mit der Schere im Zaum.

Sind Ihre Pflanzgefäße stabil genug befestigt?

Spätestens bei Sturm rächen sich Nachlässigkeiten bei der Befestigung von Kästen, Töpfen, Hängekörben und Ampeln. Herabfallende Gefäße verursachen nicht selten Schäden oder sind gar für Passanten gefährlich!

So können Sie vorbeugen:

Befestigen Sie alle Pflanzgefäße sorgfältig und bringen Sie Kästen in höheren Etagen und an windexponierten Stellen besser nur nach innen an. Kontrollieren Sie immer wieder einmal die Halterungen.

Sicherheits- und Rechtsfragen

Was tun, wenn Gießwasser überläuft?

Herablaufendes Gießwasser führt auf Dauer zu Fassadenschäden und kann zu Ärger mit Nachbarn oder Passanten führen.

So können Sie vorbeugen:

Gießen Sie mit Fingerspitzengefühl und verwenden Sie, wo immer möglich, Untersetzer, Übertöpfe bzw. wie Übertöpfe genutzte größere Kästen (ohne Ablauflöcher). Leeren Sie volle Untersetzer, z.B. nach Regen, bald aus, das bekommt auch den Pflanzen besser.

Was ist bei Pflanzenschutzmitteln zu beachten?

Pflanzenschutzmittel, auch solche auf pflanzlicher Basis, enhalten oft Giftstoffe, die Menschen und Umwelt schädigen können. Bienengefährliche Mittel verbieten sich bei blühenden Pflanzen von selbst.

So können Sie vorbeugen:

Verzichten Sie möglichst ganz auf hochgiftige Präparate und bevorzugen Sie sanfte Mittel und Methoden. Halten Sie sich streng an die Gebrauchsanleitungen. Bewahren Sie alle Pflanzenschutzmittel für Kinder unzugänglich auf!

Welche Gefahren drohen durch Pflanzen?

Einige schöne und beliebte Pflanzen sind hochgiftig, andere können Hautreizungen und sonstige allergische Reaktionen verursachen. Bei bestachelten bzw. bedornten Pflanzen droht Verletzungsgefahr.

So können Sie vorbeugen:

Verzichten Sie auf hochgiftige, stachelige oder bedornte Pflanzen, wenn kleine Kinder im Haus sind. Tragen Sie bei Arbeiten an giftigen, hautreizenden oder bewehrten Pflanzen Handschuhe. Erneuern Sie Ihre Tetanusimpfung regelmäßig.

Wie lässt sich das Überheben vermeiden?

Große Kübelpflanzen, Topfgehölze und Pflanzschalen haben ein beachtliches Gewicht, das leider ab und zu bewegt werden muss. Das kann zu Rückenschmerzen oder gar Unfällen führen, wenn man sich übernimmt.

So können Sie vorbeugen:

Transportieren Sie schwere Kübel nur zu zweit, und nutzen Sie Hilfen wie Sackkarre, Kübelroller oder Traggurte. Treppenabsätze lassen sich durch Auflegen von Dielen als »Transportschienen« leichter überwinden.

Pflanzen selbst anziehen

Das erste »Eigengewächs«, das man selbst angezogen hat – dies ist stets ein besonderes Erlebnis für Pflanzenfans und solche, die dabei sind, es zu werden. Tatsächlich fasziniert es immer wieder zu beobachten, wie aus Samen oder Triebstücken komplett neue Pflanzen heranwachsen. Und die selbst vermehrten Exemplare wachsen einem oft auch richtig ans Herz, vor allem bei den Kübelpflanzen: Das ist dann nicht nur »der«, sondern »mein« Oleander.

Es macht Spaß – und das ist schon ein ausreichender Grund für die eigene Anzucht, auch wenn die käuflichen Jungpflanzen oft so preiswert sind, dass sich der Aufwand nicht unbedingt rechnet. Allerdings können Sie auf diese Weise auch zu Arten und gezielt ausgewählten Sorten kommen, die Sie als fertige Pflanzen kaum im Handel finden. Wirklich Spaß macht das Ganze freilich nur, wenn es gelingt. Sie sollten deshalb bestimmte Voraussetzungen kennen und beachten (siehe Seite 34/35) und sich darauf einstellen, dass Sämlinge und Jungpflanzen besonders regelmäßige Zuwendung erfordern.

Für erste Saatversuche bieten sich unproblematische Arten wie Ringelblume, Kapuzinerkresse oder Portulakröschen an. Die Stecklingsvermehrung ist z. B. bei Engelstrompete, Oleander und Strauchmargerite recht einfach.

Welche Vermehrungsarten gibt es?

Grundsätzlich unterscheidet man:

Generative (geschlechtliche) Vermehrung: Vermehrung über Samen. Sie spielt vor allem eine Rolle bei den kurzlebigen Balkonblumen, bei Gemüse und manchen Kräutern. Teils kann man sogar direkt in die Kästen oder Töpfe säen. Meist empfiehlt sich aber die warme, geschützte Anzucht – das so genannte Vorziehen – mit späterem Verpflanzen. Die Samenvermehrung von Gehölzen, zu denen die meisten Kübelpflanzen gehören, ist dagegen oft schwierig, langwierig oder sogar unmöglich.

Vegetative (ungeschlechtliche) Vermehrung: Hierbei entstehen neue Pflanzen aus Teilstücken, die man von der Mutterpflanze abtrennt. Durch Stecklinge, seltener durch Teilung, Ausläufer oder Abmoosen, kommt man recht schnell zu blühfähigen Pflanzen, weshalb solche Verfahren bei Kübelpflanzen bevorzugt werden. Eine Spezialmethode der vegetativen Vermehrung ist die Veredlung, die man als Laie kaum selbst durchführen kann.

Die Pflanzen-Kinderstube

Feuchtigkeit, Wärme, Licht und Luft – das braucht der Pflanzennachwuchs ganz besonders, aber im Laufe seiner Entwicklung oft in unterschiedlichem Ausmaß und stets mit viel Fingerspitzengefühl dosiert. Diese Faktoren stehen deshalb auch im Mittelpunkt bei vielen der nachfolgenden Tipps zu Praxis und Zubehör. Ein weiterer sehr wichtiger Punkt: Sauberkeit ist oberstes Gebot! So sollten Anzuchtgefäße und sämtliches Zubehör nach Gebrauch sorgfältig gereinigt werden, da eventuelle Krankheitskeime – z. B. in Erdresten – den Spaß an der eigenen Anzucht gründlich verderben können. Die zarten, stets feucht gehaltenen Jungpflänzchen sind nämlich für bestimmte Pilzkrankheiten äußerst anfällig.

Der richtige Platz

Nicht für jede Vermehrungsmethode ist ein besonders geschützter Ort erforderlich. Doch die Samenanzucht und die Stecklingsvermehrung im Frühjahr, die zu den wichtigsten Verfahren gehören, »funktionieren« nur im mehr oder weniger beheizten Zimmer (sofern man nicht gerade über ein beheizbares Kleingewächshaus verfügt). Dazu einige Hinweise:

● Da spätestens nach Aufgang der Samen viel Licht gebraucht wird, kommt vor allem ein Fensterplatz in Frage. Doch Vorsicht, meiden Sie möglichst Südfenster: Voll besonnte Standorte sind ungünstig.

● Bei zu dunklem Stand wachsen die Pflänzchen zwar an, doch die Triebe werden bald lang, dünn und staksig und die Blätter fahl – man nennt das »Vergeilen«. Falls Sie nur einen mäßig hellen Fensterplatz zur Verfügung haben, warten Sie im Frühjahr am besten jeweils die spätesten Termine ab, wenn an den schon längeren, weniger trüben Tagen mehr Licht einfällt. Bei großem Interesse an der Pflanzenvermehrung kann sich die Anschaffung einer speziellen Vermehrungsleuchte aus dem Fachhandel lohnen.

● Zu Beginn werden oft hohe Temperaturen gebraucht, die Fensterbank mit darunter befindlichem Heizkörper ist dann ideal. Da gerade »kalte Füße« schlecht vertragen werden, legen Sie bei unbeheizten und eventuell noch kühlen Fensterbänken aus Stein oder Metall Styroporplatten unter. Ein weiterer schädlicher Kältefaktor, den man vermeiden sollte, ist Zugluft.

● Auch gegen Kälte hat der Fachhandel hilfreiches Zubehör zu bieten, nämlich beheizbare Mini- oder Zimmer-Gewächshäuser.

● Nachdem sich Sämlinge, Stecklinge oder anderweitig gewonnene Jungpflanzen gut entwickelt haben, ist es mit der Gemütlichkeit auf der warmen Fensterbank vorbei. Dann brauchen Sie einen immer noch möglichst hellen, aber etwas kühleren Platz, an dem die noch jungen Wurzeln nicht durch übermäßige Wärme von unten strapaziert werden. Für im Spätsommer gewonnene Stecklinge oder im Sommer gesäte Zweijährige wird über Winter sogar ein heller Standort um nur 5–10 °C benötigt.

Gutes Saatgut, gute Pflanzen

Verwenden Sie möglichst nur Qualitäts-Saatgut, der Mehrpreis macht sich oft durch besseres, recht sicheres Anwachsen bezahlt. Achten Sie beim Einkauf auf:

● einwandfreie, am besten keimgeschützte Verpackung (mit Innenhülle),

● Abpackdatum bzw. Haltbarkeitsdauer.

Ich bevorzuge im Zweifelsfall stets Samenpäckchen, deren Aufschrift über alles Wissenswerte genau Auskunft gibt: Haltbarkeit, Keimtemperatur, Lichtkeimer oder Samen, die abgedeckt werden müssen, Hinweise zur Kultur. Und

Geeignete Anzuchtsubstrate

Zur Aussaat oder Anzucht von Stecklingen benötigen Sie ein Substrat, das nährstoffarm ist, da die jungen Pflänzchen keine hohen Salzkonzentrationen vertragen, außerdem frei von Krankheitskeimen, fein gekörnt und trotzdem strukturstabil. Solche Substrate sind unter den Namen Anzucht- oder Vermehrungserde, Einheitserde Typ 0 oder VM, TKS 0 oder 1 im Handel.

Zum Pikieren können Sie Varianten mit leicht erhöhtem Nährstoffgehalt verwenden, die meist eigens dafür ausgewiesen sind.

➤ Torfquelltöpfe eignen sich vor allem für größere Samen. Am besten stellt man sie in eine Anzuchtschale mit Wasserabzugslöchern und Untersetzer; so sind sie einfach feucht zu halten.

wenn der Verkaufsständer mit den Samentüten direkt hinter einer großen Scheibe, auf die die Sonne »knallt«, oder an einem feuchten Platz steht, mache ich darum einen großen Bogen. Denn zu viel Wärme und Feuchtigkeit können das Saatgut beeinträchtigen – das sollten Sie übrigens auch beim Aufbewahren zu Hause beachten. Bei sachgemäßer Lagerung bleiben die Samen der meisten Arten 2–3 Jahre gut keimfähig. Verschließen Sie angebrochene, nicht ganz aufgebrauchte Packungen gut und verstauen Sie die Päckchen trocken und am besten dunkel in einem Schraubglas. So aufbewahrt, lassen sich die restlichen Samen normalerweise noch 1–2 Jahre verwenden.

Hilfreiches Zubehör zur Pflanzenanzucht

Mini-Gewächshäuser und Vermehrungsleuchten wurden bereits erwähnt. Hinweise auf weiteres nützliches Zubehör finden Sie auf den folgenden Seiten jeweils bei den verschiedenen Vermehrungsmethoden.
Erwähnen möchte ich hier aber noch einige pfiffige Angebote, die manche Händler speziell für die Anzucht in ihrem Programm führen:

Saatscheiben und Saatbänder: Scheiben oder Bänder, bei denen die Samen auf Spezialpapier gleich im richtigen Abstand angeordnet sind, findet man vor allem bei Kräutern und Gemüse. Sie ersparen das spätere Ausdünnen oder Verpflanzen zu eng stehender Sämlinge. Kräuter-Saatscheiben, meist mit 10 cm Durchmesser, gibt es teils auch mit Samenmischungen aus verschiedenen Arten, z. B. mit verschiedenen mediterranen Kräutern. Man legt sie einfach in Töpfen oder Kästen aufs Substrat, deckt sie mit ein wenig Erde ab und hält das Ganze gleichmäßig gut feucht.
Verrottende Töpfe: Töpfe aus Torf oder Pappe, die einfach mitsamt den Pflanzen eingesetzt werden können und dann allmählich im Endgefäß verrotten. Sie können sie zum Pikieren von Sämlingen ebenso verwenden wie für das Eintopfen von Stecklingen.
Torfquelltöpfe: Flach zusammengepresste, tablettenartige Saattöpfe, die nach gründlichem Wässern auf ein Mehrfaches ihrer Höhe aufquellen. Man legt je einen Samen in die dafür vorgesehene Mulde. Die Pflänzchen können später mitsamt den Quelltöpfen gepflanzt werden.

So gelingt die Anzucht aus Samen

Für die Samenanzucht haben sich flache Schalen aus Kunststoff bewährt, die man oft schon mit passender durchsichtiger Abdeckhaube erhält. Große Samen und einjährige Kletterer säen Sie dagegen besser einzeln oder zu wenigen in kleine Töpfe.

Für die Anzucht von einjährigen Blumen, Gemüsen und Kräutern sind meist 18–20 °C optimal. Besonders viel Wärme (20–24 °C) brauchen samenvermehrbare Pelargonien, Feuersalbei, Tomaten, Zucchini und manche Kräuter wie Oregano. Ausgesprochen kühl mögen es dagegen Blaue Mauritius, Elfenspiegel, Flammenblume (Phlox), Kapuzinerkresse, Pantoffelblume, Ringelblume und Sommeraster: Sie keimen am besten bei etwa 15 °C.

In der Regel dauert es von der Aussaat bis zur Keimung 1–3 Wochen.

Das benötigen Sie

- Saatgut
- Anzuchtschale, Abdeckhaube
- Aussaaterde, Pikiererde
- Töpfe mit 6–10 cm zum Pikieren

Diese Zeit brauchen Sie

- für die Aussaat: 15–20 Minuten je Anzuchtschale
- fürs Pikieren: 20–30 Minuten je Anzuchtschale

Der richtige Zeitpunkt

- Einjährige im Februar/März, Zweijährige im Juni/Juli
- Pikieren: 2–6 Wochen nach der Aussaat

1. So säen Sie möglichst gleichmäßig aus

Befüllen Sie zunächst die Anzuchtschale mit Aussaaterde – nicht ganz voll, oben sollte ein Gießrand von 1 cm bleiben. Stoßen Sie nach dem Einfüllen die Schale leicht auf, damit sich die Erde gut setzt. Ebnen Sie dann die Oberfläche mit einem Brettchen und drücken Sie dabei die Erde leicht an.

Nun werden die Samen möglichst gleichmäßig und nicht allzu dicht auf der Oberfläche verteilt. Beim Ausstreuen direkt aus der Samentüte gelingt das nicht immer so gut. Besser geht es, wenn Sie die Samen zwischen Zeigefinger, Mittelfinger und Daumen nehmen und verteilen, indem Sie die Finger gegeneinander reiben. Oder Sie verwenden einen gefalteten Karton als Sähilfe. Größere Samen können gezielt mit 1–2 cm Abstand ausgelegt werden.

2. So keimen die Samen am besten

Drücken Sie die ausgestreuten Samen mit einem Brettchen leicht an, damit sie beim Keimen guten Kontakt mit der Erde haben. Bei den Samen von Arten, die so genannte Lichtkeimer sind, reicht das schon; sie dürfen höchstens noch hauchfein mit Erde überstreut werden. Das sind aber Ausnahmen, auf die jeweils im Porträtteil unter Rubrik »Vorziehen« hingewiesen wird (steht in der Regel auch auf der Samenpackung). Die Samen aller anderen Arten werden mit Erde abgedeckt, am besten durch gleichmäßiges Überstreuen mit einem Sieb. Als Faustregel gilt: mindestens so hoch abdecken, wie die Samen dick sind, aber maximal mit einer Erdschicht in dreifacher Samendicke. Drücken Sie auch die abgestreute Erde hinterher leicht an.

3. Halten Sie den Anzucht-kasten gut feucht

Das Substrat sollte nun gut durch-feuchtet werden. Das geht am besten mit einem Wasserzerstäuber, denn der feine Sprühnebel schwemmt Samen und Abdeckerde nicht weg. Sorgen Sie auch in den folgenden Tagen und Wochen dafür, dass das Substrat nie austrocknet, aber halten Sie es nicht »klatschnass«. Die Ab-deckhaube – ersatzweise eine über das Saatgefäß gelegte Glasscheibe oder Folie – schützt vor Verduns-tung. Stellen Sie die Anzuchtgefäße an einem warmen, hellen, aber nicht direkt besonnten Platz auf.

▶ *Expertentipp*

Ich kennzeichne alle Aussaaten mit beschrifteten Etiketten, um Ver-wechslungen vorzubeugen.

4. Die keimenden Pflänzchen brauchen Luft

Sobald sich die ersten Keimlinge durch grüne Spitzen bemerkbar machen, brauchen die Saaten aus-reichend Luft. Sie können dazu die Verdunstungshaube oder andere Ab-deckungen mit Hilfe kleiner Holz-stäbchen hochstemmen oder tags-über stundenweise ganz abnehmen. Achten Sie jedoch darauf, dass die kleinen Pflänzchen keine kalte Zug-luft abbekommen!

Nach dem vollständigen Aufgang al-ler Sämlinge wird die Abdeckung komplett entfernt. Halten Sie dann die Sämlinge nicht mehr ganz so feucht, lassen Sie aber das Substrat keinesfalls austrocknen. Die An-zuchtgefäße müssen nun unbedingt hell stehen, doch nach wie vor mög-lichst nicht in der prallen Sonne.

5. Zu eng stehende Sämlinge verpflanzen (pikieren)

Wenn die Sämlinge größer geworden sind und zu eng stehen, werden sie entweder einzeln in Töpfe oder mit 4–5 cm Abstand in neue Schalen bzw. Kisten umgesetzt. Verwenden Sie dazu spezielle Pikier- oder Ver-mehrungserde, normale Substrate sind zu nährstoffreich. Der beste Zeitpunkt zum Pikieren ist gekom-men, wenn sich über den beiden Keimblättern (oft rundlich) das erste richtige Laubblattpaar entfaltet hat (ca. 2–6 Wochen nach der Aussaat). Verpflanzen Sie vorzugsweise die kräftigsten Sämlinge. Beim Lockern der Wurzeln und Heraushebeln leis-tet ein Pikierholz gute Dienste. Drücken Sie nach dem Einsetzen der Sämlinge die Erde rundum an und gießen Sie gründlich. Stellen Sie die Pflanzgefäße nun auch ein paar Grad kühler auf.

Stecklingsvermehrung – leicht gemacht

 Das benötigen Sie

- scharfes, sauberes Messer
- Anzucht-, Vermehrungserde
- Töpfe mit 8–12 cm Durchmesser
- Abdeckhaube, -folie
- Gießkanne, Wasserzerstäuber
- evtl. Bewurzelungspuder (Fachhandel)

 Diese Zeit brauchen Sie

10–20 Minuten je Steckling

 Der richtige Zeitpunkt

je nach Art Frühjahr, Spätsommer oder Herbst

Stecklinge sind beblätterte Triebstücke, die sich beim »Stecken« ins Substrat bewurzeln. Sie können von verschiedenen Sprossteilen gut entwickelter Pflanzen gewonnen werden:

Am häufigsten verwendet man abgeschnittene Spitzen von Haupt- oder Seitentrieben der Mutterpflanze, die so genannten Kopfstecklinge.

Bei manchen Pflanzen bewurzeln sich Teilstücke aus der Mitte eines Triebs genauso gut oder sogar noch besser. Sie werden als Trieb-, Teil- oder – bei verholzenden Pflanzen – als Stammstecklinge bezeichnet.

Die seltener verwendeten Grundstecklinge schießlich sind Teilstücke, die von einem Triebteil nahe der Pflanzenbasis geschnitten werden.

Je nach Pflanzenart entwickeln sich entweder halbreife, also halb verholzte, oder krautige, weiche Stecklinge besser. Die halbreifen Stecklinge schneidet man bevorzugt im Spätsommer oder Herbst, die krautigen im Frühjahr.

1. Wie werden Stecklinge geschnitten?

Schneiden Sie Stecklinge stets von gesunden, wüchsigen, besonders reich blühenden Mutterpflanzen. Verwenden Sie keine bereits blühenden Triebe und brechen Sie eventuell vorhandene Blütenknospen in den Blattachseln der Stecklinge nachher vorsichtig aus. Krautige Stecklinge schneidet man mit etwa 10 cm Länge und 4–5 Blättern bzw. Blattpaaren, halbreife Stecklinge etwas länger (bis 20 cm). Trennen Sie die Stecklinge mit einem möglichst glatten, schräg geführten Schnitt kurz unterhalb eines Blattknotens (verdickte Ansatzstelle des Blattstiels) ab. (Das Bild zeigt den Schnitt eines Oleander-Kopfstecklings im Spätsommer.)

2. Manche mögen's nass: Bewurzelung im Wasser

Manche Kopfstecklinge (im Bild Engelstrompete) treiben besonders willig Wurzeln, wenn man sie zunächst in Wasser stellt, so etwa Oleander, Fleißige Lieschen und Buntnessel.

Stellen Sie die Stecklinge so ins Glas, dass etwa 3–5 cm des unteren Endes mit Wasser bedeckt sind. Wenn sich die ersten kräftigen Wurzeln gebildet haben, sollten Sie mit dem Eintopfen in Erde nicht zu lange warten. Ich musste selbst schon öfter die leidvolle Erfahrung machen, dass lange, dünne Wasserwurzeln leicht abbrechen und sich auch nicht mehr so gut an das Substrat gewöhnen.

3.   Stecklinge fachgerecht eintopfen

Entfernen Sie zunächst das unterste Blatt bzw. Blattpaar und stecken Sie dann das Triebstück (hier ein Pelargoniensteckling) so tief in die Erde, dass der nächste verbliebene Blattansatz kurz über der Oberfläche zu stehen kommt. Drücken Sie nach dem Stecken dann die Erde rundum etwas an. Oben sollte ein Gießrand von etwa 1 cm bleiben.

▶ *Expertentipp*

Bei Trieb- und Stammstecklingen muss man aufpassen, dass tatsächlich das untere Ende in die Erde kommt.

4.   Achten Sie auf gleichmäßige Feuchtigkeit

Halten Sie die Erde von Anfang an gleichmäßig, aber mäßig feucht. Wird sie zu nass, können die Stecklinge faulen. Bis sich die ersten Wurzeln gebildet haben, ist eine hohe Luftfeuchtigkeit besonders wichtig. Dafür sorgen Sie am besten mit einem Verdunstungsschutz, z. B. einer Kunststoffhaube oder einem Folienbeutel, der über ein Drahtgerüst im Topf gespannt wird.

▶ *Expertentipp*

Anzuchtkisten mit Abdeckhaube sind auch prima geeignet, um die Steck-lingstöpfe darin aufzustellen.

5.   Zum Bewurzeln braucht es Wärme

Stellen Sie die Töpfe oder Anzuchtschalen an einem hellen, warmen Platz ohne direkte Sonneneinstrahlung auf. Wichtig ist für die Bewurzelung vor allem Wärme von unten. Eine kühle Steinfensterbank z. B. ist ein denkbar ungeeigneter Standort. Krautige Stecklinge bewurzeln oft schon nach 2–4 Wochen, bei halbreifen kann es etwas länger dauern. Zarter Blattaustrieb zeigt an, wenn es so weit ist. Jetzt können Sie den Verdunstungsschutz immer häufiger zum Lüften abnehmen und schließlich ganz entfernen.

Besondere Wege zum Pflanzennachwuchs

Manche Pflanzen machen es uns besonders leicht: Sie können ganz einfach durch Teilen des Wurzelstocks oder das Abnehmen von selbst bewurzelten Tochterpflanzen (so genannte Kindel) bzw. Ausläufern vermehrt werden. Eine etwas anspruchsvollere Vermehrungsart ist das Abmoosen. Es wird bevorzugt bei verholzenden Pflanzen angewendet, die sich schlecht oder gar nicht über Stecklinge vermehren lassen. Diese Methode wird vor allem bei Zimmerpflanzen angewandt, ist aber auch bei Drachenbaum, Engelstrompete, Kamelie, Oleander oder Roseneibisch möglich.

 Das benötigen Sie

- Töpfe
- Anzuchterde, normales Substrat
- sauberes, scharfes Messer
- Spaten
- fürs Abmoosen Sphagnum-Moos, Hölzchen oder kleine Steine, dunkle Kunststofffolie, Schnur oder Bast

🕐 **Diese Zeit brauchen Sie**
je nach Verfahren 10–30 Minuten

 Der richtige Zeitpunkt
Teilung: meist Frühjahr
Kindel, Ausläufer: Frühjahr bis Sommer
Abmoosen: Frühsommer

Einfache Vermehrung durch Teilen des Wurzelstocks

Auf diese Weise lassen sich vor allem Topfstauden vermehren, die aus dem Wurzelstock neue Triebe bilden, etwa Astilben oder Kissenastern, außerdem manche mehrjährige Kräuter und Kübelpflanzen wie Schmucklilie (*Agapanthus*) und Bambus. Der optimale Termin dafür ist meist das Frühjahr, gleich beim Umtopfen. Zeitig blühende Arten dagegen teilen Sie besser direkt nach der Blüte. Nehmen Sie dazu die Pflanzen aus dem Topf und teilen Sie den Wurzelballen in zwei oder mehr Teilstücke mit mehreren Blättern bzw. Triebknosken. Zartes Wurzelwerk lässt sich mit den Händen auseinander ziehen; für dicke Wurzelstöcke (Rhizome) brauchen Sie ein scharfes Messer oder gar einen Spaten. Gießen Sie nach dem

Kindel und Ausläufer abnehmen und einsetzen

Agaven bilden willig und reichlich Kindel, vor allem, wenn sie im genügend großen Topf stehen. Warten Sie, bis diese am Fuß der Agave entstehenden Tochterpflänzchen (Kindel) groß genug sind und eigene Wurzeln entwickelt haben. Dann können Sie die Kindel vorsichtig ablösen und in separate Töpfe setzen. Mischen Sie der Erde für die kleinen Agaven reichlich Sand unter.
Auch ältere Feigenbäume und Palmlilien (Yuccas) bringen zuweilen kindelähnliche Ausläufer bzw. Ableger hervor, die Sie vorsichtig ablösen und separat eintopfen können. Ausläufer bilden sich schließlich auch bei vielen Erdbeersorten. Sie werden Ende Juli/August abgetrennt und eingepflanzt.

1. **Abmoosen: Schnittstelle vorbereiten**

Im Grunde erhalten Sie durch das Abmoosen eine Art großen Kopfsteckling, der sich bereits an der Mutterpflanze bewurzelt hat. Wählen Sie zunächst den Teil des Stamms oder eines kräftigen Seitentriebs aus, den Sie später abtrennen wollen. Dort, wo sich die Wurzeln bilden sollen, entfernen Sie zunächst alle Blätter, die bis zu 10 cm darüber oder darunter stehen. Dann schneiden Sie den Trieb mit einem scharfen Messer ein, und zwar schräg von unten und so tief, dass er bis knapp in die Mitte des Sprosses reicht. Klemmen Sie dann ein Holzstückchen oder einen kleinen Stein ein, damit die Schnittstelle nicht wieder zuwächst, und überstäuben Sie die Schnittflächen am besten noch mit etwas Bewurzelungspulver (im Fachhandel erhältlich).

2. **Schnittstelle zum Bewurzeln fertig machen**

Der nächste Schritt gab dieser Vermehrungsmethode ihren Namen: Der Schnittbereich muss nun rundum gut mit Sphagnum-Moos (im Fachhandel erhältlich) umhüllt werden. Das Moos sorgt für gleich bleibende Feuchtigkeit, die die Wurzelbildung fördert, und dient den ersten Wurzeln als Substrat. Binden Sie zuerst unterhalb der Schnittstelle ein Stück dunkle Kunststofffolie so an, dass sich ihr oberer Teil wie eine Manschette großzügig um den Schnittbereich legen lässt. Füllen Sie dann das angefeuchtete Moos ein und befestigen Sie schließlich die Folienmanschette oben.

3. **Schnittstelle auf Bewurzelung überprüfen**

Sorgen Sie dafür, dass das Moos jetzt stets feucht bleibt. Die Pflanze sollte deshalb auch nicht in der prallen Sonne stehen.
Nun kann es schon etliche Wochen dauern, bis sich an der Schnittstelle Wurzeln gebildet haben. Um das zu überprüfen, müssen Sie die Folienmanschette gelegentlich lösen, was zwischendurch ohnehin nötig wird, um das Moos nachzufeuchten.
Wenn sich ausreichend Wurzeln gebildet haben, schneiden Sie das Triebstück direkt unterhalb des Wurzelwerks ab und pflanzen es ein.

Der Nachwuchs will gepflegt sein

Der Pflanzennachwuchs braucht besondere Aufmerksamkeit und Pflege. Ganz junge Pflänzchen benötigen vor allem eine erhöhte Luftfeuchtigkeit, aber auch wenn sie schon gut ausgebildete Wurzeln haben, ist gelegentliches Übersprühen vorteilhaft, vor allem in beheizten Räumen. Gegossen wird nur mäßig, aber regelmäßig, sobald die oberste Substratschicht etwas trockener ist. Bilden die Pflanzen dann Seitentriebe und reichlich Blattwerk und legen fast sichtbar im Wuchs zu, dann dürfen sie mit einer schwach dosierten Flüssigdüngung versorgt werden. Pflanzen, die noch längere Zeit auf das endgültige Einpflanzen warten müssen, können bei guter Entwicklung in normales Substrat umgetopft werden; die darin enthaltenen Nährstoffe reichen in der Regel 6–8 Wochen. Kontrollieren Sie die Pflanzen unbedingt regelmäßig auf Krankheiten und entfernen Sie befallene Exemplare umgehend.

 Das benötigen Sie

- ► Abdeckhaube, -folie, Einmachglas
- ► Wasserzerstäuber
- ► Gießkanne
- ► sauberes, scharfes Messer
- ► evtl. Flüssigdünger
- ► größere Kisten zum Transport nach draußen

 Diese Zeit brauchen Sie

unterschiedlich, aber möglichst täglich ein paar Minuten zum Nachsehen und für die nötige Pflege reservieren

Sorgen Sie für genügend Luftfeuchtigkeit

Es wurde bereits bei den einzelnen Vermehrungsmethoden darauf hingewiesen, kann aber gar nicht oft genug erwähnt werden: Solange die Pflanzen, ob Sämlinge oder Stecklinge, noch kein »anständiges« Wurzelwerk entwickelt haben, muss man sie davor bewahren, dass über Blatt- und Substratoberflächen allzu viel Wasser verdunstet.

Günstiger als häufiges Übersprühen ist die so genannte »gespannte« Luft unter einer rundum geschlossenen Abdeckung (Folienhaube, umgestülptes großes Einmachglas u. Ä.) mit stets gleich bleibender, hoher Feuchtigkeit. Wichtig ist, dass die Abdeckungen möglichst viel Licht durchlassen und dann bei weiterer Entwicklung der Pflanzen rechtzeitig abgenommen werden.

Vorwitzige Jungpflanzen entspitzen

Das Entspitzen oder Stutzen zielt darauf ab, kompakte, buschige Jungpflanzen mit guter Verzweigung zu erhalten. Oft »schießen« die Pflanzen nach dem Pikieren oder erfolgreicher Stecklingsbewurzelung geradezu in die Höhe, die ganze Kraft geht gewissermaßen in die Spitzenknospe. Um das zu vermeiden, kann man bei vielen Arten die Spitzenknospe des Haupttriebs abkneifen oder die Triebspitze abschneiden, wenn die Pflanzen etwa 10 cm hoch sind. Bei den Pflanzenporträts finden Sie jeweils Hinweise darauf, wo dies besonders empfehlenswert ist. Freilich müssen dafür in Frage kommende Pflanzen zur Verzweigung fähig sein und dazu Seitenknospen in den Blattachseln bilden. Bei Palmen z. B. ist das nicht möglich.

So erreichen Sie einen noch buschigeren Wuchs

Eine noch bessere Verzweigung erreicht man, wenn man auch die Spitzen der kräftigsten Seitentriebe entfernt, sobald die Jungpflanzen noch etwas größer sind. Dies hat sich z. B. bei Feuersalbei, Fuchsien, Kapaster, Löwenmäulchen, Roseneibisch, Strauchmargerite oder Vanilleblume bewährt.

Wenn ich mir nicht ganz sicher bin, teste ich das zunächst nur an ein oder zwei Pflanzen der jeweiligen Art und beobachte die Entwicklung. Denn übermäßig »zerrupfen« sollte man seine Jungpflanzen nicht.

▶ *Expertentipp*

Für einen kompakten Wuchs ist auch ein heller, nicht allzu warmer Standort wichtig.

Gewöhnen Sie Jungpflanzen langsam ans Freie

Ab Mitte Mai wird es für Sommerblumen und Kübelpflanzen ernst: Jetzt sollen sie draußen Balkon und Terrasse zieren, müssen kühlere Tage und Nächte ebenso aushalten wie eventuell grelle Sonne, kräftige Winde oder länger anhaltenden Regen. Und das, nachdem die Junggpflanzen über Wochen besonders behütet herangewachsen sind.

Das war nötig, doch nun sollten Sie die Pflanzen langsam auf das rauere Klima vorbereiten. Am besten stellen Sie sie schon ab etwa Anfang April – noch drinnen im Haus – allmählich etwas kühler. Ab Mitte April dürfen sie bei mildem Wetter dann schon tagsüber einige Stunden draußen Frischluft schnuppern. Wählen Sie dafür anfangs einen windgeschützten, leicht beschatteten Platz, etwa in der Nähe der Hauswand oder in einem überdachten Teil des Balkons bzw. der Terrasse. Allerdings musste ich auch schon feststellen, dass sich teilumbaute Freiflächen manchmal als regelrechte Windkanäle erweisen – für zarte Jungpflanzen ist das dann kein geeigneter Ort.

Was Sie im Spätsommer oder Herbst vermehrt haben, etwa aus halbreifen Stecklingen, können Sie – sobald sich die Jungpflanzen gut entwickelt haben – bis zum ersten Freilandaufenthalt im Folgejahr hell und kühl überwintern. Für Kübelpflanzen gelten dann jeweils die im Porträtteil genannten Überwinterungstemperaturen älterer Exemplare. Meiden Sie aber bei jungen Pflanzen möglichst die Extremwerte der empfohlenen Temperaturbereiche.

Richtig gepflegt blüht es besser

Ein wesentlicher Teil der Pflanzenpflege wurde bereits beschrieben: durchdachte Pflanzen- und Standortwahl, gut entwickelte Jungpflanzen, geeignete Erden und Gefäße, sorgfältiges Ein- und Umpflanzen – das alles schafft beste Voraussetzungen für Pflanzenspaß ohne allzu großen Pflegeaufwand. Wenn Sie dann beim Gießen, Düngen und bei sonstigen Handgriffen ein wenig auf die Ansprüche Ihrer Pfleglinge achten, danken sie es mit gesundem Wuchs und herrlicher Blütenpracht.

Ein Leben im Topf oder Balkonkasten hat für die Pflanzen Vor- und Nachteile. Oft wachsen sie auf Balkon und Terrasse etwas geschützter als in Garten und Natur, Mehrjährige können den Winter drinnen ganz ohne Kälte- und Froststress verbringen. Zudem genießen die einzelnen Pflanzen häufig mehr Aufmerksamkeit und Fürsorge als ihre »Kollegen« im Freien. Das ist aber auch nötig, denn die Schönheiten im Gefäß können ihre Wurzeln nicht einfach weiter austrecken, wenn es ihnen an Wasser und Nährstoffen mangelt. Sie müssen mit dem begrenzten Topfsubstrat vorlieb nehmen und sollen dabei oft noch wahre Blühwunder vollbringen.

Und Kübelpflanzen, die wärmeren Gefilden entstammen, können bei uns zwar dank ihrer »Mobilität« am frostfreien Winterplatz überleben. Doch die bis zu 6 Monate, die sie recht unnatürlich im Haus oder Schuppen verbringen, bedeuten für sie nicht selten eine Strapaze.

Lernen Sie von den Pflanzen, was sie benötigen

Wenn Sie das eben Gesagte ein wenig im Hinterkopf behalten, wird so manche Pflegemaßnahme verständlicher und in der Praxis noch etwas einfühlsamer und mit dem richtigen Fingerspitzengefühl umgesetzt. Freilich kann man trotzdem nicht immer ideale Standortverhältnisse und optimale Pflege bieten – es ist halt manchmal auch eine Zeitfrage. Und bei allen nötigen Verrichtungen dürfen die Mußestunden auf Balkon und Terrasse nicht zu kurz kommen, um sich schlicht an den Pflanzen zu erfreuen. Wobei ich selbst immer wieder feststelle, dass gerade dies zur guten Pflege beiträgt und zum Teil den so genannten »Grünen Daumen« ausmacht: Pflanzen verraten beim »genießerischen« Betrachten mehr über ihre ganz speziellen Wünsche, als es jedes Buch vermag. Beobachtet man ihre Entwicklung, lernt man viel darüber, wie sich einzelne Pflegemaßnahmen auswirken.

Womit, wie viel und wann gießen?

Schlappe Blätter, braune Blattspitzen, hängende Triebe, welke Blüten, abgeworfene Knospen – mangelndes Gießen macht sich rasch bemerkbar. Doch auch eine zu gut gemeinte Bewässerung kann ähnliche Auswirkungen haben. Wenn die Erde im Gefäß ständig zu nass gehalten wird oder überschüssiges Wasser nicht ablaufen kann (Staunässe), nehmen früher oder später die Wurzeln Schaden. Typische Anzeichen sind Wachstumsstockungen, fahle Blattfärbung und kleine Blüten.

Ist jedes Wasser zum Gießen geeignet?

Üblicherweise wird zum Gießen normales Leitungswasser verwendet. Dieses ist jedoch vielerorts – bedingt durch Kalk und andere mineralische Beimengungen – sehr hart, was etliche Pflanzen schlecht vertragen. Kalkempfindliche Arten wie Rhododendren und Kamelien werden schon durch mittelhartes Wasser (ab 8 °dH = Grad deutsche Härte) beeinträchtigt; die Folgen sind Kümmerwuchs,

gelbe Blätter oder Knospen- und Blütenabwurf. Zudem wirkt im Hochsommer das kalte Nass aus der Leitung auf empfindliche Pflanzen geradezu schockartig.

Hier können Sie auf verschiedene Weise vorbeugen und für Abhilfe sorgen:

● Befüllen Sie die Kannen nach dem Gießen gleich wieder; dann setzt sich ein Teil des Kalks unten ab, gleichzeitig wird das Wasser vorgewärmt.

● Gießen Sie möglichst mit Regenwasser, wenn Sie Platz für eine Sammeltonne haben. Achten Sie jedoch darauf, dass nach längerer Trockenheit nicht unbedingt der erste Schwung aus der Regenrinne in die Tonne läuft, denn er enthält auf dem Dach angesammelten Schmutz und Schadstoffe.

● Setzen Sie geeignete Wasseraufbereitungsmittel aus dem Garten- oder Teichfachhandel ein, um das Nass für kalkempfindliche Arten zu enthärten. Das empfiehlt sich auch generell, wenn die Wasserhärte über 20 °dH liegt (lässt sich beim zuständigen Wasserversorger erfragen).

Wie viel gießen?

Die nötigen Gießmengen hängen natürlich von der jeweiligen Pflanzenart und von Jahreszeit bzw. Witterung ab. Sie können sich dabei an den Symbolen im Porträt-Kapitel (Seite 68/69) orientieren:

Viel gießen bedeutet, dass an heißen Sommertagen täglich gegossen werden muss, teils sogar mehrmals. Gießen Sie, sobald die Substratoberfläche abgetrocknet ist, und halten Sie die Erde während der Wachstumszeit recht feucht (aber nicht nass).

Mäßig gießen: Hier genügt eine möglichst gleichmäßige »milde« Feuchte, d. h., die oberste Substratschicht kann auch mal ein paar Tage trocken sein, wenn sich die Erde darunter noch feucht anfühlt.

Wenig gießen heißt, dass das Substrat nicht völlig austrocknen, aber nur ganz leicht feucht sein darf.

Die Substratfeuchte können Sie am besten mit dem Finger prüfen, indem Sie ihn vorsichtig nahe des Gefäßrands in die Erde stecken.

Ich stelle allerdings immer wieder fest, dass Pflanzen eher »totgegossen« werden, als dass sie durch Trockenheit eingehen. Von zeitweisem Wassermangel können sich die meisten Pflanzen oft wieder erholen, von Wurzelschäden durch anhaltende Vernässung jedoch kaum.

Manchmal lässt sich sogar eine fast vertrocknete Pflanze noch retten, wenn Sie den Topfballen samt Gefäß einige Zeit in einen großen Eimer mit Wasser stellen, und zwar so lange, bis keine Luftbläschen mehr aufsteigen.

Wer gießt im Urlaub?

Automatische Bewässerungssysteme sparen nicht nur Zeit und Wasser: Wenn alles richtig vorbereitet und eingestellt ist, müssen Sie sich auch bei einem längeren Sommerurlaub keine Sorgen um Ihre Pflanzen machen. Allerdings sollte sich das System schon einige Zeit vorher im Praxistest auf Ihrem Balkon oder Ihrer Terrasse bewährt haben. Und es kann auch nichts schaden, wenn während Ihrer Abwesenheit Freunde oder nette Nachbarn ab und zu nach dem Rechten sehen.

Für das muntere Blühen und Wachsen brauchen die Pflanzen regelmäßige Wassergaben. Mit ein wenig Fingerspitzengefühl können Sie dem Vertrocknen ebenso einfach vorbeugen wie allzu starker Vernässung.

So gießen Sie richtig

Das Wasser soll möglichst schnell und ohne größere Verluste an seinen Bestimmungsort, nämlich zu den Wurzeln, gelangen. Dazu ein paar wichtige Tipps:

● Gießen Sie ohne Brauseaufsatz direkt in den Wurzelbereich. Die Pflanzen, vor allem ihre Blüten, sollten kaum benetzt werden. Ausnahme: An sehr heißen Tagen tut vielen Gewächsen eine morgendliche Blattdusche gut.

● Gießen Sie Ihre Pflanzen nie in der prallen Sonne (hohe Verdunstung, Brennglaswirkung der Wassertropfen auf den Blättern). Gießen Sie an heißen Tagen nur morgens oder/und abends, an kühleren Tagen möglichst nur am Vormittag.

● Bei hoch aufgestellten Ampelpflanzen erleichtern handliche Kannen (5 oder 2,5 Liter) und eine (standsichere) Haushaltsleiter zielgenaues Gießen ohne Tropfwasser.

Wasser im Untersetzer oder Übertopf?

Überschüssiges Gieß- oder Regenwasser, das sich im Untersetzer oder Übertopf ansammelt, sollten Sie baldmöglichst ausschütten, denn die allermeisten Balkon- und Kübelpflanzen vertragen keine »nassen Füße«. An besonders heißen Tagen ist das zwar nicht ganz so eilig, das »Fußbad« sollte aber nicht zum Dauerzustand werden. Wichtigste Ausnahme ist der Oleander: Ihm bekommt es gut, wenn Sie an warmen Sommertagen stets etwas Wasser in den Untersetzer geben.

Ganz bequem: die automatische Bewässerung

Wenn Sie Ihren Balkon oder Ihre Terrasse regelmäßig mit vielen Pflanzen schmücken, kann sich die Anschaffung eines Bewässerungssystems durchaus lohnen.

Bei den meisten Verfahren übernehmen Tropfer, die man neben den Pflanzen in die Erde steckt, die zielgenaue Wasserversorgung. Sie werden über Verteilerrohre oder -schläuche mit dem Wasserhahn oder einem großen Vorratsbehälter verbunden. Feuchtefühler, die Rückmeldung an einen Bewässerungscomputer geben oder direkt die Wasserabgabe der Tropfstellen regulieren, sorgen für eine pflanzen- und wetterangepasste Wasserabgabe.

Solche Systeme werden meist in Einzelkomponenten angeboten, die Sie individuell zusammenstellen können.

Wann, wie und womit düngen?

Balkon- und Kübelpflanzen sind auf den begrenzten Nährstoffvorrat in ihrer Pflanzerde angewiesen. Der muss früher oder später durch Düngung ergänzt werden, je nach Art in unterschiedlichen Intervallen. Nährstoffmangel zeigt sich meist an gelb werdenden Blättern sowie nachlassender Wuchs- und Blühfreude. Im Porträtteil habe ich unter der Rubrik »Pflegen« jeweils angegeben, in welchen Abständen die Pflanze am besten mit Dünger versorgt wird.

Verwenden Sie nur ausgewiesene Balkon- oder Kübelpflanzendünger, da diese alle nötigen Haupt- und Spurennährstoffe in geeigneter Zusammensetzung enthalten. Spezialdünger für bestimmte Pflanzengruppen sind oft sinnvoll, besonders für Kalkempfindliche wie Rhododendren und Hängepetunien.

Überdüngung kann ernsthafte Schäden anrichten – beachten Sie unbedingt die Dosierungsangaben auf den Packungen und verabreichen Sie im Zweifelsfall lieber etwas weniger. Stellen Sie bei Pflanzen, die überwintert werden sollen, die Düngung ab Anfang August ein.

Langzeitdünger: Reserve für den ganzen Sommer

Die üblichen Langzeit- oder Depotdünger bestehen aus Nährstoffkörnern oder -kugeln, die mit Harz oder ähnlichen Substanzen umhüllt sind. Sie setzen die Nährstoffe in Abhängigkeit von Temperatur und Substratfeuchtigkeit nur allmählich frei. Bei Pflanzen mit mittlerem Nährstoffbedarf reicht der Düngevorrat bis zu 6 Monate, starkwüchsige Pflanzen jedoch brauchen oft ab Sommer Nachschub.

Aber auch Festdünger auf organischer Basis (Foto) haben eine Langzeitwirkung. Sie kommen ganz ohne künstliche Umhüllung aus, da die Nährstoffe organisch gebunden sind. Sie werden ebenfalls erst nach und nach freigesetzt. Eine Gabe reicht selbst bei Starkzehrern für etliche Wochen. Vorteilhaft ist außerdem, dass kaum die Gefahr einer Überdüngung besteht. Langzeitdünger können Sie schon vor dem Einpflanzen oder Umtopfen

dem Substrat untermischen oder nachträglich wie normalen Festdünger oberflächlich einarbeiten. Bei Kübelpflanzen mit geringem Nährstoffbedarf kann die lang anhaltende Nachlieferung allerdings die Überwinterungsfähigkeit beeinträchtigen; hier sollten Sie Dünger mit ausgeprägter Langzeitwirkung gleich im März einbringen, spätestens aber im April. Organische Dünger dagegen lassen sich bei Kübelpflanzen und Topfgehölzen noch bis etwa Anfang Juli verabreichen.

Flüssigdünger – besonders einfach zu verwenden

Auch wenn Sie keinen Langzeitdünger verwenden, können Sie sich mit dem Düngen anfangs Zeit lassen: Gutes Substrat enthält einen Nährstoffvorrat, der für die ersten 4–6 Wochen reicht. Mit Flüssigdünger können Sie besonders einfach für Nachschub sorgen: Er wird in Wasser gegeben und mit der Gießkanne ausgebracht. Gießen Sie ohne Brauseaufsatz direkt in den Wurzelbereich.

▶ *Expertentipp*

Geben Sie den Dünger – auch den flüssigen – stets nur auf angefeuchtetes Substrat.

So arbeiten Sie Festdünger ein

Balkon- und Kübelpflanzendünger gibt es auch in fester, gekörnter Form. Solche Dünger werden in gleichmäßiger Verteilung auf der Substratoberfläche ausgestreut und mit einem kleinen Handrechen oder Handkultivator oder mit einer Gabel leicht eingearbeitet. Passen Sie auf, dass Sie dabei die Wurzeln nicht beschädigen, und gießen Sie danach gründlich.

▶ *Expertentipp*

Verwenden Sie kein »Blaukorn« oder ähnliche Gartendünger. Für Balkonpflanzen ist deren Nährstoffzusammensetzung nicht optimal.

Eisenmangel: wenn die Blätter hell werden

Typisches Anzeichen für Eisenmangel ist die Aufhellung zunächst der jüngeren Blätter, wobei aber die Blattadern grün bleiben. Ursache: Die Aufnahme des wichtigen Nährstoffs Eisen wird indirekt durch einen zu hohen Kalkgehalt im Substrat blockiert. Spezielle Eisendünger können kurzfristig Abhilfe schaffen. Sie werden als Flüssigdünger eingesetzt, können teils auch auf die Blätter gesprüht werden. Nachhaltig können Sie das Problem allerdings nur durch Verwendung von enthärtetem Wasser und Umtopfen lösen.

So blüht es schöner und länger

Es gibt neben dem Gießen und Düngen noch die ein oder andere empfehlenswerte Maßnahme, die dafür sorgt, dass Ihre Pflanzen gesund, wüchsig und blühfreudig bleiben. Meist handelt es sich tatsächlich nur um kleine Handgriffe, die man mit der Zeit oft eher als Lust denn als Last empfindet, da sie schnell Wirkung zeigen und die Pflanzenpracht gut in Form halten.

Eine Formfrage ist z. B. auch der Schnitt wüchsiger Hänge- und Kletterpflanzen: Hier können Sie zwischendurch ruhig mal beherzt zur Schere greifen und störende oder überlange Triebe einkürzen. In gemischten Ampeln und vor allem in Hanging Baskets lassen sich so auch besonders konkurrenzstarke Arten im Zaum halten, ehe sie alles andere überwuchern.

 Das benötigen Sie

- ► Gartenschere, scharfes Messer
- ► Pflanzenstützen
- ► Gärtnerschnur oder Bindebast
- ► kleine Handhacke, -kultivator oder alte Gabel
- ► Blähton, Kies oder Splitt als Mulchmaterial

Diese Zeit brauchen Sie

je nach Pflanzenzahl täglich im Schnitt 15–30 Minuten

Verblühtes ausputzen – nicht nur eine Frage der Optik

Wenn Sie wenigstens alle paar Tage welke Blüten oder Blütenstände entfernen, sehen Ihre Pflanzen nicht nur schöner aus, sie setzen oft auch williger neue Knospen an.

Häufig lässt sich Verwelktes einfach abzupfen oder mit den Fingernägeln abkneifen. Wenn jedoch die Blütenstiele so fest anhaften, dass dabei Verletzungen benachbarter Pflanzenteile drohen, nehmen Sie besser eine Schere zur Hilfe.

Bei Pelargonien können Sie die Stiele verwelkter Blütenstände direkt an ihrer Ansatzstelle am Trieb packen und ausbrechen. Selbstreinigende Hängepelargonien-Sorten ersparen diese Arbeit. Auch einige andere Pflanzen werfen welke Blüten von selbst ab oder verdecken sie unter üppigen Trieben, so etwa Fächerblume und Schneeflockenblume.

Entfernen Sie auch welke und beschädigte Pflanzenteile

Gelbe oder welke Blätter nimmt man am besten mitsamt den Stielen an ihrer verdickten Ansatzstelle (dem Blattknoten) am Trieb weg. Wie bei den Blüten kann das je nach »Zähigkeit« der Verbindung durch Abzupfen, Abbrechen oder Abschneiden geschehen.

Auch abgeknickte oder anderweitig beschädigte Triebe sollten Sie möglichst bald wegschneiden oder bis in den unverletzten Bereich zurückschneiden. Solche Maßnahmen können vor allem nach einem Unwetter nötig werden.

Beim Ausputzen geht es nicht nur um die Optik: Dies alles – das Entfernen welker Blüten inbegriffen – hilft, Infektionen durch Krankheiten vorzubeugen.

Zurückschneiden verhilft manchmal zur Nachblüte

Manche Balkonblumen, z. B. Männertreu und Duftsteinrich, legen nach dem ersten Hauptflor im Juni/ Juli eine Blühpause ein. Ein Rückschnitt der abgeblühten Triebe um gut ein Drittel fördert dann den Austrieb neuer Blütenknospen. Auch bei verschiedenen Margeriten hilft diese Maßnahme: Sie werden allerdings nur etwa um ein Viertel ihrer Trieblänge eingekürzt. Ansonsten ist es besser, nur die verblühten Triebe beim Ausputzen etwas stärker zurückzuschneiden, sollte die Ausbildung neuer Blüten nachlassen.

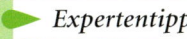 *Expertentipp*

Versorgen Sie die Pflanzen nach dem Rückschnitt gleich mit einer Düngung.

Halt für hohe Pflanzen: Stützen und Aufbinden

Hochwüchsige Pflanzen sollten Sie besonders an windigen Standorten frühzeitig mit einer Stütze versehen, vor allem wenig verzweigte Arten, Hochstämmchen und Pflanzen mit großen, schweren Blütenständen oder Früchten. Dafür eignen sich besonders die leichten, aber stabilen Bambus- oder Tonkinstäbe. Man drückt sie vorsichtig mit etwas Abstand vom Stängel bzw. Stamm möglichst tief in die Erde. Binden Sie die Pflanzen dann in Abständen von etwa 30 cm mit einer lockeren Achterschleife an, um Einschnürungen vorzubeugen (siehe Bild). Solche Achterschleifen empfehlen sich bei allen Bindearbeiten, z. B. auch beim Aufleiten von Kletterpflanzen.

Lockern Sie verkrustete Oberflächen auf

Selbst Gartenbesitzer, für die das regelmäßige Lockern des Bodens im Garten ganz selbstverständlich ist, sind oft ganz erstaunt, wenn ich ihnen dasselbe für die Topferde vorschlage. Doch tatsächlich verkrustet ja auch die unbedeckte Erdoberfläche in größeren Gefäßen durch das Wechselspiel von Feuchte und Trockenheit.
Das vorsichtige Auflockern der Erde mit kleinen Handgeräten (Kultivator) oder einer alten Gabel verbessert Wasseraufnahme und Durchlüftung und beugt der Vermoosung vor.

Expertentipp

Auch eine etwa 1 cm dicke Schicht aus Blähton, feinem Kies oder Splitt hält die Oberfläche locker und setzt zudem die Verdunstung herab.

Was tun bei Krankheiten und Schädlingen?

 Das benötigen Sie

- für die Gerätereinigung: Lappen, Drahtbürste, Wasser, Schmierseife, evtl. Essig, Desinfektionsmittel
- Gartenschere, scharfes Messer
- Papier-(Küchen)tücher
- alte Zahnbürste
- Auffanggefäß für abgestreifte oder abgesammelte Schädlinge
- Hand- oder Rückenspritze
- Wasserzerstäuber
- für die jeweilige Anwendung zugelassene Pflanzenschutzmittel

Geeignete Standortwahl, gesunde Jungpflanzen und gute Pflege sind die wichtigsten Vorbeugungsmaßnahmen gegen Plagegeister, von denen die häufigsten auf den folgenden Seiten vorgestellt werden.

Zur guten Vorbeugung zählt zudem der regelmäßige, prüfende Blick auf die Pfleglinge: Je früher Sie Schädlinge und Krankheiten entdecken, desto leichter lassen sie sich meist bekämpfen. Wenn der Griff zu Pflanzenschutzmitteln jedoch unvermeidbar erscheint, verwenden Sie bevorzugt Präparate, die für Warmblüter ungiftig sind und Bienen sowie andere Nützlinge schonen. Besonders giftige Mittel werden heute kaum noch verkauft, aber auch »sanfte« und pflanzliche Präparate sind nicht unbedingt harmlos und verlangen beim Einsatz entsprechende Vorsicht und Umsicht

Manchmal ist es aber auch die einfachste und sinnvollste Lösung, befallene Exemplare früh zu entfernen und gegen gesunde Pflanzen auszutauschen. Das beugt zudem weiteren Infektionen vor.

Sauberkeit beugt Krankheiten und Schädlingen vor

Reinigen Sie alle Gerätschaften und Utensilien, die mit Pflanzen in Berührung kommen, gleich nach Gebrauch – inklusive Gefäße. Sorgfältiges Abwischen oder Abwaschen z. B. von Scheren- und Messerklingen oder Pflanzenstützen kann schon einer Krankheitsverbreitung vorbeugen, da sich manche Erreger über anhaftende Erdreste oder auch nur über Tropfen von Pflanzensäften verbreiten. Nach Pflegearbeiten an offensichtlich oder vermutlich erkrankten Pflanzen empfiehlt sich der Einsatz geeigneter Desinfektionsmittel, zumindest aber von heißem Wasser, auch für die Gartenhandschuhe bzw. zum Händewaschen. Und verzichten Sie auf die Verwendung gebrauchter Bindeschnur.

Erforschen Sie die Ursachen der Schädigungen

Wenn Pflanzen kümmern oder welken, kann das viele Ursachen haben. Könnte es womöglich an Standort- oder Pflegefehlern liegen? Topfen Sie ansonsten die Pflanze aus und untersuchen Sie vorsichtig die Wurzeln. Fäulnis, oft mit nachträglichem Pilzbefall verbunden, deutet auf zu nasse Haltung hin. Fraßstellen, Wucherungen und sonstige Deformierungen sind oft das Werk von Parasiten. Ein Befall durch Viren, Bakterien, Wurzelpilze oder winzige Nematoden (Älchen) lässt sich nur schwer identifizieren. Hier kann am ehesten ein Gärtner oder der regional zuständige Pflanzenschutzdienst weiterhelfen.

Entfernen Sie frühzeitig kranke Pflanzenteile

Fallen Ihnen schon früh erste Krankheitsanzeichen auf, kann das konsequente Wegschneiden befallener Triebe, Triebteile oder Blütenstände die Ausbreitung des Erregers eindämmen, im günstigsten Fall sogar stoppen. Schneiden Sie kranke Triebe dabei stets so weit zurück, dass auch innen, d. h. im Triebquerschnitt, keine Krankheitssymptome, etwa braune Verfärbungen, mehr zu erkennen sind.

▶ *Expertentipp*

Entfernen Sie erkrankte Exemplare in gemischten Bepflanzungen am besten gleich komplett.

So halten Sie Schädlinge im Zaum

Ähnlich wie Krankheiten lassen sich auch manche Schädlinge, z. B. Blattläuse, ein wenig im Zaum halten, wenn Sie beim ersten Auftreten besonders stark befallene Partien sofort rigoros entfernen. Doch Vorsicht, Blattläuse & Co. bevorzugen meist die jungen, saftigen Triebe – einige davon braucht die Pflanze noch!
Ansonsten können Sie Schädlinge an robusten Pflanzen mit stabilen Blättern wiederholt mit kräftigem Wasserstrahl abspritzen. Am schonendsten ist freilich das Absammeln bzw. Abstreifen mit Hilfe eines Papiertuchs. Den sehr fest haftenden Schild- und Wollläusen können Sie mit einer hartborstigen Zahnbürste zu Leibe rücken.

Pflanzenschutzmittel richtig anwenden

Achten Sie beim Einsatz von Pflanzenschutzmitteln peinlich genau auf die Dosierungsangaben, Anwendungs- und Sicherheitshinweise des Herstellers. Bringen Sie die Mittel mit geeigneten Pflanzenschutzspritzen oder einem Zerstäuber aus. Spritzen Sie nur bei weitgehender Windstille und möglichst nicht in der prallen Sonne.
Sofern die Anwendungsempfehlungen nichts anderes besagen, sollten Sie die Blätter – auch auf den Unterseiten – gleichmäßig und tropfnass einsprühen.

Blattläuse

1–5 mm große, grüne, schwarze oder graue Insekten, in Kolonien, an jungen Triebspitzen und Blattunterseiten sitzend und saugend; Blätter oft eingerollt, gekräuselt und klebrig, häufig mit schwarzem Pilzbelag

Das können Sie tun:

Spritzen Sie robuste Pflanzen öfter mit einem scharfen Wasserstrahl ab; streifen Sie bei geringem Befall die Schädlinge mit den Fingern ab; stark befallene Triebe am besten ganz abschneiden; notfalls bienen- und nützlingsschonende Präparate einsetzen.

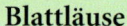

Spinnmilben, Rote Spinne

Winzige, nur mit der Lupe zu erkennende rundliche Tiere, gelbbraun bis rötlich, saugen an den Blattunterseiten; Saugstellen als gelbe bis silbrige Sprenkel sichtbar, Blätter vergilben und welken

Das können Sie tun:

Spinnmilben treten vorwiegend an sehr heißen, lufttrockenen Plätzen auf, auch bei zu warmer Überwinterung. Stellen Sie befallene Pflanzen kühler und halten Sie sie feuchter (lauwarm abbrausen und öfter besprühen); notfalls mit speziellen Pflanzenschutzmitteln spritzen.

Schild-, Woll- und Schmierläuse

Schildläuse: 1–3 mm groß, rundlich, gelb oder braun, unbeweglich an Stielen und Blättern saugend; Woll- und Schmierläuse: watteähnliche Blattbeläge, klebrige Blätter; bei allen Blattvergilbung und -abfall

Das können Sie tun:

Diese Schädlinge finden sich oft an zu warm überwinterten Kübelpflanzen, sehr häufig an Oleander. Kratzen Sie braune Schilde oder Beläge ab, z. B. mit einer alten Zahnbürste, mit Schmierseife nachbehandeln; bei starkem Befall ölhaltige Präparate spritzen.

Weiße Fliegen

1–2 mm große, weißliche Insekten, an den Blattunterseiten saugend, fliegen bei Blattberührung auf; Blätter vergilben und welken.

Das können Sie tun:

Weiße Fliegen sitzen oft an zu warm überwinterten Pflanzen, häufig an Fuchsien und Wandelröschen. Meiden Sie vorbeugend heiße, schlecht belüftete Standorte. Spritzen Sie bei Befall mehrmals mit Schmierseifenlösung oder setzen Sie ein geeignetes Pflanzenschutzmittel ein.

Häufige Schädlinge und Krankheiten

Dickmaulrüssler

10 mm lange, grauschwarze, dämmerungsaktive Käfer, fressen Blattränder an, mit typischem Kerbfraß; die weißlichen Larven mit hellbraunem Kopf leben in der Topferde und fressen an den Pflanzenwurzeln, was zu plötzlicher Welke führt

Das können Sie tun:

Sammeln Sie die Käfer nach Einbruch der Dunkelheit mit Hilfe einer Taschenlampe ab; die Larven können biologisch durch parasitäre Nematoden (im Fachhandel zu beziehen) bekämpft werden.

Echter Mehltau

Schadpilz, bildet weißlichen, mehligen Belag auf Blattoberseiten, auch an Blüten und Knospen; häufig z. B. an Begonien, Rosen, Chrysanthemen und Zinnien

Das können Sie tun:

Vermeiden Sie vorbeugend zu hohe Düngung, pflanzen Sie nicht zu dicht, und behandeln Sie mehrmals mit Pflanzenstärkungsmitteln; entfernen Sie befallene Pflanzenteile und setzen Sie bei starkem Befall spezielle Pflanzenschutzmittel (z. B. auf Lecithin-Basis) ein.

Grauschimmel

Schadpilz, bildet braungraue, schmierige Beläge auf Blättern und anderen Pflanzenteilen; tritt besonders nach Dauerregen auf; häufig an Begonien und Erdbeeren, vor allem an verletzten und geschwächten Pflanzen

Das können Sie tun:

Achten Sie vorbeugend auf ausgewogene Düngung, und pflanzen Sie nicht zu dicht; entfernen Sie die befallenen Pflanzenteile, behandeln Sie die Pfleglinge mehrmals mit Pflanzenstärkungsmitteln und halten Sie die Pflanzen im Allgemeinen luftiger und trockener.

Rost

Schadpilz, der rötliche oder gelbliche Pusteln bildet, meist an den Blattunterseiten, Blattoberseiten hell gefleckt; die Blätter sterben mit der Zeit ab; häufig an Pelargonien, Fuchsien, Nelken und Rosen

Das können Sie tun:

Düngen Sie vorbeugend ausgewogen, und halten Sie die Pflanzen nicht zu feucht; entfernen Sie kranke Teile und behandeln Sie mehrmals mit Pflanzenstärkungsmitteln; beseitigen Sie bei starkem Befall die ganze Pflanze.

Attraktive Wuchsformen selbst erziehen

 Das benötigen Sie

- Gartenschere
- Drahtschablonen u. Ä. für den Formschnitt
- Gärtner- oder Bastschnur
- für Hochstämmchen Holz-, Tonkin- oder Bambusstab, 20–30 cm länger als die Stammhöhe

 Diese Zeit brauchen Sie

Formschnitt: 2–4 Jahre, bis geschlossene Form erreicht ist

Hochstämmchen: 2–3 Jahre für Stammerziehung, ca. 2 Jahre für die Kronenausbildung

Schnittmaßnahmen können eine lang anhaltende Blüte fördern (Seite 51) oder ausgewogenen, gesunden Wuchs unterstützen (Seite 58/59). Doch seit jeher fasziniert Topfgärtner auch die Möglichkeit, durch Schnitt besondere Pflanzengestalten zu formen, wie sie in der Natur nicht vorkommen.

Aus Blattschmuckpflanzen werden durch Formschnitt lebendige Skulpturen, buschige Sträucher entwickeln sich mit Hilfe der Schere zu baumartigen Hochstämmchen bzw. Kronenbäumchen. Die dazu nötigen Schnitte sind nicht allzu kompliziert, verlangen aber etwas Geduld und Augenmaß. Belohnt wird die Mühe durch interessante, hübsche Wuchsformen, die besondere Akzente setzen.

Ich weiß allerdings aus eigener Erfahrung, dass das nicht immer gleich so wird, wie man es sich vorstellt. Jede Art reagiert auf bestimmte Schnittmaßnahmen ein wenig anders, manchmal unterscheiden sich sogar die Sorten oder auch verschiedene Exemplare derselben Art im Austriebsverhalten. »Probeschnitte« an Seitentrieben oder an nicht ganz so wertvollen Pflanzen sind gerade vor drastischen Eingriffen empfehlenswert.

So bringen Sie Blattpflanzen in Form

Topfgehölze und Kübelpflanzen mit dichtem, kräftig grünem Blattwerk wie Buchs oder Lorbeerbaum wirken zwar auch ohne strengen Schnitt charmant. Doch die Möglichkeit, sie mit der Schere in sehr gleichmäßige, fast geometrische oder kunstvolle Formen zu trimmen, hat ihren ganz besonderen Reiz. Auch Brautmyrte, Efeu und Topfgehölze wie Liguster, Eibe oder Stechpalme kommen für den Formschnitt in Frage.

Beginnen Sie mit dem Formschnitt möglichst schon an noch jungen Gehölzen. Am besten geht das mit einer Art Schablone, die je nach gewünschter Form (z. B. Kugel, Kegel oder Pyramide) aus kräftigem Draht zurechtgebogen oder z. B. aus zeltartig zusammengebundenen Stäben in Kombination mit Drahtringen, die nach oben hin immer schmäler werden, geformt wird. Stülpen Sie das »Schnittmuster« dann den Pflanzen

über bzw. stecken Sie es in den Topf. Alle Triebe, die aus der so markierten Form seitlich und oben herauswachsen, müssen nun immer wieder zurückgestutzt werden.

Junge Pflanzen sollten Sie zunächst noch etwas stärker einkürzen, damit sie sich auch dicht verzweigen. Dann kommt – je nach Wüchsigkeit der Pflanze – die Schere ein- bis dreimal im Jahr zum Einsatz.

Schneiden können Sie vom März bis zum August, wobei die Hauptschnittzeit jedoch im Mai/Juni liegt.

1. Der erste Schritt zum Hochstämmchen

Für erste Versuche mit dieser Schnitterziehung eignen sich z. B. Enzianbaum, Fuchsie, Roseneibisch und Wandelröschen recht gut. Wählen Sie von vornherein eine kräftige Jungpflanze, die schon einen gut ausgebildeten, gerade gewachsenen Haupttrieb hat. Schneiden Sie zunächst immer wieder die Seitentriebe direkt (ohne Stummel) am künftigen Stamm weg, bis die Pflanze die gewünschte Höhe erreicht hat. Lassen Sie jedoch anfangs Blätter, die am Hauptspross austreiben, stehen, bis sich oben ein guter Kronenansatz entwickelt hat.
Binden Sie das Stämmchen locker an einen Stützstab an.

2. Die Spitze wird gekappt

Sobald sich in gewünschter Höhe (zwischen 60–140 cm) einige Blattpaare und wenigstens 5 rundum gut verteilte Seitenknospen oder -triebe gebildet haben, entfernen Sie die darüber stehende Spitze mit sauberem, leicht schräg geführtem Schnitt kurz oberhalb einer Seitenknospe. Die obersten Seitentriebe sollen sich dann zum Grundstock einer ansehnlichen Krone entwickeln.
Düngen Sie bis dahin besonders zurückhaltend und im Jahreslauf nur bis Ende Juli, damit der Stamm bis zum Herbst gut verholzen kann. Die anfänglichen Formierungsschnitte können Sie von April bis Juli durchführen, den Schnitt älterer Kronen am besten im Frühjahr.

3. So erhalten Sie eine schöne Krone

Wenn die Seitentriebe 2–3 Blattpaare ausgebildet haben, sollten auch sie gestutzt werden, damit sie sich gut verzweigen. Schneiden Sie zu diesem Zweck die Spitzen immer wieder ab, wobei die Triebe natürlich zunehmend etwas länger werden dürfen. Je nach Art können Sie durch das Schneiden auch die typische Wuchsform – eher hängend und nach unten weisend oder aufstrebend – betonen, indem Sie anders ausgerichtete Zweige entfernen oder einkürzen. Schneiden Sie auch neue Seitentriebe, die noch aus dem Stamm wachsen, frühzeitig weg.

So schneiden Sie Ihre Kübelpflanzen

Ein regelmäßiger Schnitt hält Kübelpflanzen und Topfgehölze in Form und verhindert, dass sie vorzeitig »vergreisen«. Bedingt durch das unterschiedliche Wuchs- und Austriebsverhalten gibt es eine Reihe verschiedener Schnittmethoden. Manche Kübelpflanzen werden z. B. schon im Herbst kräftig zurückgeschnitten, falls man sie dunkel überwintern kann. Frühjahrs- und Frühsommerblüher, z. B. Zierkirschen, dagegen schneidet man am besten erst nach der Blüte.

Gehen Sie im Zweifelsfall ganz behutsam vor, um die Auswirkung Ihrer Eingriffe zu beobachten. Achten Sie vor allem darauf, wo die Pflanze ihre neuen Triebe anlegt und an welchen Sprossen hauptsächlich Blüten entstehen.

Das benötigen Sie

- Gartenschere
- Astsäge
- scharfes Messer zum Nachscheiden unschöner Ränder
- Wundverschlussmittel

Diese Zeit brauchen Sie
10–20 Minuten je Pflanze

Der richtige Zeitpunkt

meist im zeitigen Frühjahr (Februar/März)

vor dem Einräumen im Herbst schon leichter Rückschnitt möglich

Hauptschnitt bei langtriebigen Pflanzen bevorzugt im Herbst

Gute Schnitttechnik schont die Pflanzen

Schneiden Sie grundsätzlich so, dass die verbleibenden Teile nicht mehr als unbedingt nötig verletzt werden. Verwenden Sie nur sauberes, gut geschärftes Werkzeug, mit dem Sie auch kräftigere Triebe ohne Quetschung oder Splittern der Ränder sauber durchschneiden können. Hier lohnt sich eine gute Gartenschere, die so etwas mit geringem Kraftaufwand erlaubt.

Suchen Sie beim Einkürzen von Trieben eine passende Stelle kurz über einer Knospe. Die sollte möglichst nach außen oder wenigstens seitlich weisen, damit ein daraus entstehender Seitentrieb in die gewünschte Richtung wächst. Setzen Sie die Schere etwa 0,5–1 cm über der Knospe an.

Günstig ist ein leicht schräg geführter Schnitt, so dass die Schnittfläche auf der der Knospe gegenüber liegenden Seite etwas tiefer endet. Stehen jedoch zu beiden Seiten Knospen auf gleicher Höhe, schneidet man gerade.

Sollen Haupttriebe entfernt werden, schneidet man sie möglichst weit unten heraus oder entfernt sie bis zu einem günstig stehenden Seitenzweig. Setzen Sie hierbei und beim Wegschnitt von Seitentrieben die Schere direkt an der Verzweigungsstelle an. Vom weggeschnittenen Trieb bleibt dann gerade noch eine dünne »Scheibe« übrig, keinesfalls ein Stummel.

Expertentipp

Für starke, spröde oder sehr zähe Äste nehme ich statt der Gartenschere lieber eine kleine Astsäge.

Auslichten, wie und wann?

Unter Auslichten versteht man das Entfernen abgestorbener, überalterter, schwacher, ungünstig oder zu dicht stehender Seiten- und Haupttriebe. Das kann je nach Pflanze jährlich oder auch nur alle paar Jahre nötig werden.

Bei jungen Kübelpflanzen und Topfgehölzen beschränkt sich das Auslichten meist auf wenige Triebe, bei älteren Exemplaren müssen Sie ab und zu schon stärker »durchforsten«. Doch Vorsicht, schneiden Sie nicht allzu viele Triebe nur »auf Verdacht« heraus – mancher hat sich so aus Versehen schon der meisten Blütentriebe beraubt. Je nach Art erfolgt der Blütenansatz und Zuwachs an den vorjährigen, diesjährigen oder auch an etwas älteren, mehrjährigen Trieben. Beobachten Sie Ihre Schnittkandidaten daraufhin genau, ehe Sie in stärkerem Maße auslichten.

Wie stark zurückschneiden?

Durch den Rückschnitt, also das mehr oder weniger gleichmäßige Einkürzen aller Triebe, fördern Sie die Verzweigung, den harmonischen Wuchs und die Bildung neuer Blütentriebe. Ein starker Rückschnitt um mindestens ein Drittel ist dann angebracht, wenn junge Pflanzen mit wenigen Seitenzweigen staksig wachsen oder bei älteren Gehölzen die Bildung von Blütentrieben nachlässt. Wenn aber die neuen Sprosse, wie etwa beim Oleander, nur oder hauptsächlich aus der Basis treiben, sollten Sie sich weitgehend auf das Auslichten beschränken.

Langtriebige Arten stutzen

Langtriebige und kletternde Arten werden meist schon im Herbst weitgehend zurückgeschnitten, weil es das Einräumen erleichtert. Zusätzlich kann das gezielte Stutzen einzelner Triebe verhindern, dass sich die Blühzone immer weiter nach außen verschiebt und das Pflanzeninnere verkahlt. Beim Enzianbaum etwa und bei Jasmin-Arten (nicht jedoch beim Winterjasmin) empfiehlt es sich, im Frühjahr die letztjährigen Triebe auf 2–4 Knospen einzukürzen, bei Fuchsien dagegen bereits im Herbst. Kürzen Sie bei Bougainvilleen vor allem überlange und schwach beblätterte Triebe um etwa zwei Drittel ein. Ein gelegentlicher Rückschnitt aller Triebe um gut ein Drittel fördert harmonischen Wuchs. Bei Passionsblumen stutzt man bevorzugt die älteren Triebe auf 4 Blätter zurück.

Was tun, wenn der Winter naht?

Wenn sich der Flor der letzten Sommerblumen allmählich verabschiedet, beginnt für mehrjährige Kübel- und Topfpflanzen die kritische Zeit. Erste Nachtfröste können je nach Region und Jahr schon gegen Ende September oder aber erst im November auftreten.

Empfindliche Gewächse und noch junge, zarte Pflanzen sollten Sie unbedingt schon vor den ersten Nachtfrösten an ihren Überwinterungsort bringen. Mit älteren Exemplaren robuster Kübelpflanzenarten, z. B. Lorbeerbaum, Feige oder Aukube, können Sie sich noch ein wenig Zeit lassen. Doch auch sie müssen vor den ersten stärkeren Frösten drinnen gut untergebracht sein.

Düngen Sie sämtliche Überwinterungskandidaten ab Anfang August nicht mehr, damit alle neu gebildeten Triebe gut ausgereift in den Winter gehen. Andernfalls bleibt das Gewebe zu weich und ist dann besonders empfindlich gegen Kälte, Krankheiten und Schädlinge.

Die mehr oder weniger winterharten Pflanzen, die draußen recht gut über die Runden kommen, verlangen im Spätwinter und zeitigen Frühjahr besondere Aufmerksamkeit: Bei warmem Wetter werden sie eventuell zum vorzeitigen Knospen, Blatt- oder Blütenaustrieb angeregt. Folgt dann nochmals eine frostige Phase, sollten Sie die Pflanzen möglichst abdecken.

So kommen robuste Pflanzen draußen heil über den Winter

Topfgehölze und -stauden, die sonst auch frei ausgepflanzt in Gärten wachsen, können Sie über Winter meist draußen lassen. Allerdings sind manche Arten und Sorten bei Gefäßhaltung etwas empfindlicher und werden dann besser drinnen kühl und hell überwintert, besonders in rauen Lagen. Fragen Sie im Zweifelsfall schon beim Pflanzenkauf nach. Voraussetzung für die Überwinterung im Freien sind frostfeste und genügend große Gefäße, in denen die Wurzeln ausreichend von schützender Erde umgeben sind. Rücken Sie die Pflanzen im Herbst an einen geschützten Platz nahe der Hauswand. Wird es dann richtig frostig, muss vor allem der Wurzelballen geschützt werden. Legen Sie dicke Styroporplatten oder Bretter unter das Gefäß und umhüllen Sie es mit alten Wolldecken, Sackleinen, Jutestoff, Noppenfolie, Kokosübertöpfen oder -matten.

Decken Sie bei starken Frösten am besten auch noch die Substratoberfläche mit Laub und Fichtenzweigen, Kokosmaterial oder Zeitungen und Pappe ab. Die Triebe empfindlicher Pflanzen können Sie zusätzlich mit luftdurchlässigen Materialien, z. B.

Leintücher oder Abdeckvlies, einhüllen. Vor allem immergrüne Pflanzen müssen an frostfreien Tagen gelegentlich gegossen werden, da sie auch im Winter Wasser verdunsten. Sie sollten im Spätwinter nicht allzu viel direkte Sonne abbekommen.

Wann müssen Kübelpflanzen eingeräumt werden?

Gut entwickelte Oleander oder Olivenbäumchen verkraften kurzzeitig Temperaturen um 0 °C, Lorbeer oder Hanfpalme sogar ein paar Minusgrade. Diese Arten räume ich meist »auf den letzten Drücker« ein, um die schwierige Zeit im Winterquartier möglichst kurz zu halten. Ganz anders dagegen jedoch bei zarten, oft tropischen oder subtropischen Schönheiten wie Roseneibisch, Schönmalve oder Kamelie: Die nehme ich schon nach drinnen, wenn die Nachttemperaturen immer häufiger unter 10 °C fallen. Bringen Sie die Pflanzen nie mit nassem Ballen ins Winterquartier, und untersuchen Sie sie vorher gründlich auf Schädlinge und Krankheiten.

Machen Sie sich den Transport leichter

Häufig empfiehlt es sich, große Kübelpflanzen schon vor dem Einräumen leicht zurückzuschneiden. Ausladende Pflanzen lassen sich besser transportieren, wenn Sie sie locker zusammenbinden. Bei kräftigen bestachelten oder bedornten Trieben können Sie um die Pflanze auch eine Decke oder einen Sack binden. Nutzen Sie für schwere Kübel Transporthilfen wie Sackkarre, Kübelroller oder Gurte mit Tragbügeln.

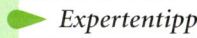

Expertentipp

Stecken Sie bei Agaven vor dem Einräumen ins Winterquartier Korken auf die gefährlichen Spitzen.

So überwintern Sie Ihre Pelargonien

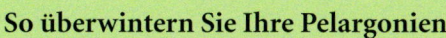

Manche Balkonblumen sind eigentlich mehrjährig und können drinnen überwintert werden. Am häufigsten praktiziert man das bei Pelargonien, die einen hellen, kühlen Winterplatz brauchen. Bringen Sie die Pflanzen vor den ersten Frösten mit nicht allzu feuchtem Ballen ins Haus, nachdem Sie vorher alle welken Blätter und letzte Blüten entfernt haben. Hängepelargonien werden etwa um die Hälfte eingekürzt. Schneiden Sie dann im Februar die Triebe auf 3–4 Augen (Knospen) zurück und topfen Sie die Pflanzen im März neu ein.

Die richtige Pflege im Winterquartier

Wenn Sie für Ihre Balkon- und Kübelpflanzen einen passenden Winterplatz gefunden haben, gibt es bis zum Frühjahr kaum etwas zu tun. Die Pflanzen legen eine Ruhephase ein und reduzieren ihre Lebensvorgänge auf das Allernötigste. Bei manchen entspricht das ihrem natürlichen Rhythmus, für andere – etwa Immergrüne aus den Tropen – bedeutet das eher eine Zwangspause, die mit besonders viel Fingerspitzengefühl überbrückt werden muss.

Sehr wichtig ist bei allen überwinternden Balkon- und Kübelpflanzen das regelmäßige Nachsehen, zumal sie oftmals an einem weniger frequentierten Ort untergebracht sind. Es kann nichts schaden, wenn Sie sich zwei Tage in der Woche als »Fixtermine« für die Kontrolle vormerken.

Manche Gärtnereien bieten einen Überwinterungsservice für Kübelpflanzen an – sicher keine schlechte Lösung, gerade wenn sich beim ersten Versuch zeigt, dass der von Ihnen gewählte Winterort Ihrer Pflanze nicht bekommt oder wenn Sie besonders empfindliche Arten ausgewählt haben.

So bringen Sie Ihre Balkon- und Kübelpflanzen richtig unter

In den Pflanzenporträts ab Seite 96 können Sie die jeweiligen Überwinterungsansprüche der einzelnen Arten nachlesen. Sie werden darunter manche finden, die sich dunkel oder relativ warm unterbringen lassen. Doch die Mehrzahl braucht es hell und frostfrei, dazu aber relativ kühl bei einer Temperatur von 4–8 °C.

Das kann einem schon Kopfzerbrechen bereiten. Denn längst nicht jeder verfügt über einen kaum beheizten, gut belichteten Wirtschafts-, Hobby- oder Abstellraum oder gar einen Wintergarten. Da bleiben oft nur Flur oder Treppenhaus. Hier allerdings ist es oftmals recht zugig, was den Pflanzen natürlich auch nicht bekommt. Vielleicht findet sich aber auch ein passender Platz in einer Remise, Garage oder einem Kellerraum.

Schlecht isolierte Räume lassen sich notfalls mit einem Elektro-Heizöfchen o. Ä. frostfrei halten. Stellen Sie die Wärmequelle jedoch nicht direkt neben den Pflanzen auf.

Im Allgemeinen gilt: Je weniger Licht, desto kühler sollte es sein – natürlich jeweils innerhalb der in den Pflanzenporträts angegebenen Temperaturspanne.

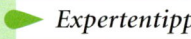 **Expertentipp**

Lüften Sie die Überwinterungsräume Ihrer Pflanzen an frostfreien und relativ milden Tagen.

Kontrollieren Sie die Feuchtigkeit

Das Gießen im Winterquartier ist eine heikle Sache: Schon ein wenig zu viel des Guten kann Unheil anrichten, völlig austrocknen darf die Erde jedoch auch nicht. Überprüfen Sie das regelmäßig, indem Sie mit dem Finger unter die oberste Substratschicht greifen: Dort sollte es nur ganz leicht feucht sein.

Immergrüne, die ihre Blätter behalten, brauchen etwas mehr Wasser. Bei Laubabwerfenden, die dunkel und sehr kühl stehen, gieße ich dagegen teils den Winter über gar nicht. Geben Sie aber im Zweifelsfall lieber ein klein wenig Wasser – dies erst recht, sobald sich zum Winterende erstes Leben regt.

Entfernen Sie welkes Laub

Beseitigen Sie regelmäßig welke oder abgefallene Blätter, sie könnten zu Infektionsquellen für Krankheiten werden. Fuchsien, Bougainvilleen und einige andere Kübelpflanzen lassen bei zu dunkler Überwinterung nach und nach ihr Laub fallen – kein Grund zur Besorgnis, sie legen eine Ruhepause ein. Versuchen Sie keinesfalls, durch mehr Gießen gegenzusteuern!

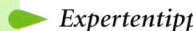 *Expertentipp*

Gegen Winterende erscheinen manchmal lange, sehr dünne, gelbblättrige »Lichtmangel«-Triebe, die Sie ebenfalls entfernen sollten.

Wann ist die Winterruhe zu Ende?

Die meisten Kübelpflanzen müssen bis zum nächsten Frischluftaufenthalt bis Mitte Mai warten; nur robustere Arten dürfen schon etwas früher ins Freie. Doch die eigentliche Winterruhe endet oft schon im Februar oder März, denn nun ist Umtopfen und Schneiden angesagt. Stellen Sie danach die Pflanzen möglichst ein paar Grad wärmer und vor allem heller auf. Ab April können Sie die Pflanzen abhärten (Seite 43). Bringen Sie beim Ausräumen auch sonnenliebende Pflanzen die ersten 1–2 Wochen zunächst an einen halbschattigen Platz.

Januar/Februar

- drinnen überwinternde Balkon- und Kübelpflanzen regelmäßig auf Feuchtigkeit, Schädlinge und Krankheiten kontrollieren
- Frostschutz draußen überprüfen und verstärken wenn nötig (z. B. Topfisolierung)
- Immergrüne nach Frostperioden gießen
- wenn genügend heller Platz vorhanden, samenvermehrbare Pelargonien vorziehen, ab Februar auch weitere Balkonblumen
- Kübelpflanzen und Topfgehölze schneiden und umtopfen (bis Mai)

März

- Frühjahrsgefäße mit gekauften Pflanzen bestücken
- Sommerblumen, Gemüse und Kräuter vorziehen, erste Saaten pikieren
- Kübelpflanzen etwas wärmer stellen, gründlich auf Schädlinge und Krankheitsanzeichen kontrollieren
- letzte Kübelpflanzen und Topfgehölze zurückschneiden
- Pflanzgefäße reinigen, bei Bedarf neue kaufen

April

- Pflanzen beim gärtnerischen Versandhandel bestellen
- noch Sommerblumen, Gemüse und Kräuter vorziehen
- zu groß gewordene Sämlinge pikieren
- vorgezogene Jungpflanzen entspitzen
- Zier- und Obstgehölze in Kübel pflanzen
- Düngung bei Kübelpflanzen beginnen, häufiger gießen
- an warmen Tagen Pflanzen draußen abhärten

Mai

- Balkonblumen kaufen
- vorgezogene Jungpflanzen entspitzen
- Kübelpflanzen noch umtopfen, wenn nötig
- nach Mitte Mai Kästen und Kübel nach draußen stellen, sofern die Witterung mitmacht
- mit besonders empfindlichen Arten bis Ende Mai warten
- vor drohenden Spätfrösten Abdeckvlies auflegen

Pflege rund ums Jahr

Juni

- Düngung bei Balkonblumen beginnen
- regelmäßig gießen und Verblühtes entfernen
- evtl. noch Pflanzen nachkaufen
- Kletterpflanzen aufleiten, große Pflanzen stützen
- verkrustete Topferde lockern
- Zweijährige wie Tausendschön und Stiefmütterchen vorziehen
- Frühjahrskästen räumen, wenn verblüht

Juli/August

- regelmäßig gießen, düngen und Verblühtes entfernen
- Kletterpflanzen aufleiten, große Pflanzen stützen
- verkrustete Topferde lockern
- letzte Zweijährige vorziehen
- je nach Wetter Pflanzen vor sengender Sonne (Markisen o. Ä.) oder Dauerregen (Folienüberspannung) schützen
- vor dem Urlaub Gießvertretung (Freunde, Nachbarn, automatische Bewässerung) abklären, Pflanzen an schattigen Platz rücken
- Anfang August bei allen Überwinterungskandidaten Düngung einstellen

September/Oktober

- Balkonblumen weiterhin gießen, düngen und ausputzen
- erste verblühte Kästen räumen, am besten gleich gründlich sauber machen
- Herbst- und Winterbepflanzung vornehmen
- empfindliche mehrjährige Pflanzen vor den ersten Frösten einräumen, dann nach und nach – je nach Frostverträglichkeit – alle weiteren Kübelpflanzen
- draußen überwinternde Pflanzen mit Schutz versehen

November/Dezember

- draußen letzte Wasserinstallationen frostfest machen
- Frostschutz draußen überprüfen und wenn nötig verstärken
- Immergrüne nach Frostperioden wässern
- überwinternde Balkon- und Kübelpflanzen regelmäßig kontrollieren
- Pflanzgefäße gründlich reinigen, soweit nicht schon im Oktober geschehen, ebenso die Arbeitsgeräte
- in Katalogen und Gartenzeitschriften schmökern, neue Bepflanzungen und Gestaltungen planen

Balkon- und K

übelpflanzen auswählen

So finden Sie sich im Porträtteil zurecht

Auf den folgenden Seiten finden Sie eine große Auswahl attraktiver und nützlicher Pflanzen für die Bepflanzung von Balkon und Terrasse mit Kurzbeschreibungen, Pflanz- und Pflegehinweisen. Diese Pflanzenporträts sind natürlich auch ohne große Erläuterungen verständlich und nutzbar, doch die nachfolgenden Hinweise können Ihnen bei Bedarf einige Zusatzinformationen bieten.

Drei große Pflanzengruppen

Die Fülle der vorgestellten Pflanzen ist je nach Verwendung in drei große Gruppen unterteilt:

Balkonpflanzen: Hierzu zählt alles, was Balkonkästen, Schalen, Töpfe und Ampeln zieren kann. Vorwiegend handelt es sich um nicht allzu große Pflanzen, die sich meist mit anderen Arten in Kästen und sonstigen geräumigen Gefäßen kombinieren lassen – Schönheiten für jeden Balkon, und sei er noch so klein, aber auch Blickpunkte für Terrassen jeglicher Größe. Hier dominieren kurzlebige Blumen, die den ganzen Sommer über verschwenderisch blühen; doch auch für Frühjahrs-, Herbst- und Winterschmuck ist bei der Auswahl gesorgt.

Kübelpflanzen und Topfgehölze: Die Pflanzen dieser Gruppe begleiten einen – anders als die meisten Balkonblumen – häufig über viele Jahre hinweg. In der Mehrzahl sind es Gehölze, die mit der Zeit teils beachtliche Ausmaße annehmen. Doch zum Glück gibt es auch hier Schmuckstücke mit recht bescheidenem Wuchs, so dass sich auch für Besitzer kleiner Balkone das eine oder andere Passende anbietet. Bei den eigentlichen Kübelpflanzen, die aus wärmeren Gefilden stammen, kommt die Notwendigkeit hinzu, einen geeigneten Überwinterungsplatz zu bieten, der frostfrei und oft auch hell sein muss. Die robusteren Topfgehölze dagegen können häufig mit etwas Schutz draußen überwintert werden.

Kräuter, Gemüse, Obst: Warum nicht das Schöne mit dem Schmackhaften verbinden? Dieses Kapitel stellt Nutzpflanzen vor, die sich gut im Kasten oder Kübel kultivieren lassen. Kräuter, Salate und Tomaten finden problemlos Platz auf jedem Balkon. Und selbst Obstbäume stehen mittlerweile in so kleinwüchsigen Formen zur Verfügung, dass einem saftig frische Früchte im »grünen Wohnzimmer« quasi in den Mund wachsen.

So wird die Auswahl einfacher

Innerhalb dieser drei Großgruppen sind die Porträts nach Blütezeiten, Wuchsgrößen und -formen, verschiedenen Zieraspekten oder sonstigen hilfreichen Auswahlkriterien unterteilt. Damit haben Sie auf einen Blick z. B. die wichtigsten Frühlingsblüher, prächtigsten Hängepflanzen oder besonders robusten Kübelgewächse beisammen und können vergleichen, was Ihren Wünschen und Anforderungen am ehesten entspricht.

Achten Sie dabei stets auch auf die Symbole, die die Lichtbedürfnisse und Gießansprüche der Pflanzen verraten. Gerade die Eignung für sonnige oder eher schattige Standorte spielt eine wesentliche Rolle bei der Pflanzenauswahl (siehe auch Seite 12/13).

Ein wichtiges Ausschlusskriterium kann die Giftigkeit mancher Arten sein, ebenfalls durch ein Symbol gekennzeichnet. Obwohl längst nicht alle so markierten Pflanzen hochgiftig sind, empfiehlt sich größte Vorsicht, wenn kleine Kinder im Haus sind. Oft enthalten diese Arten auch nur schwache Giftstoffe, die allerdings bei besonderer Empfindlichkeit Hautreizungen und andere allergische Reaktionen verursachen können.

Pflanzennamen und Kurzinfos

Die Pflanzen werden jeweils unter ihrem geläufigsten deutschen Namen vorgestellt. Der steht allerdings bei weitem nicht immer zweifelsfrei fest. Gerade bei Balkon- und Kübelpflanzen findet man häufig verschiedene Bezeichnungen für ein und dieselbe Pflanze, ganz besonders bei Arten, die noch nicht allzu lange auf dem Markt sind. Hier leben manchmal auch Gärtner und Pflanzenhändler gern ihre Fantasie aus. In Zweifelsfällen bietet deshalb der botanische Name, der in den Porträts unter dem deutschen steht, die bessere Orientierung. Zwar gibt es auch hier manchmal kleine Unstimmigkeiten oder vorübergehende Uneinigkeit bei den Botanikern, doch im Großen und Ganzen sind diese Bezeichnungen einheitlich und verbindlich geregelt.

Die Kurzinfos unter den Pflanzennamen zeigen Ihnen auf einen Blick das Allerwichtigste:

Höhe: die Wuchshöhe im ausgewachsenen Zustand, bei mehrjährigen Pflanzen nach etwa 2–4 Jahren. Wie auch bei allen anderen Angaben in den Porträts handelt es sich um einen Durchschnittswert, von dem es hier je nach Sorte, Größe der gekauften/eingetopften Pflanze und Wachstumsbedingungen Abweichungen geben kann.

Blütezeit: bei Nutzpflanzen durch **Erntezeit** ersetzt. Auch bei den Blühterminen kommen manchmal deutliche »Ausreißer« von den Durchschnittszeiten vor, nicht zuletzt durch das Wetter bedingt oder durch blütenverfrühende Maßnahmen, die vor dem Verkauf in der Gärtnerei durchgeführt wurden. Zudem gibt es hier – ebenso wie bei den Erntezeiten – teils deutliche Sortenunterschiede.

Symbole: Die verwendeten Symbole beziehen sich in erster Linie auf den Standort und das Gießen.

☼ Die Pflanze will es hell und weitgehend sonnig (Süd-, West-, Ostbalkon)

◑ Die Pflanze gedeiht am besten im Halbschatten (Ost-, West-, heller Nordbalkon)

● Die Pflanze gedeiht sogar noch im Schatten gut (Nord-, dunkler Ost-, Westbalkon)

🪣 Die Pflanze viel gießen (im Allgemeinen täglich)

🪣 Die Pflanze mäßig gießen (etwa alle 2–3 Tage, bei Hitze häufiger)

🪣 Die Pflanze wenig gießen (Ballen nicht austrocknen lassen)

▲ Die Pflanze wirkt attraktiv in Ampeln und Hängekörben

☠ Die Pflanze enthält giftige oder hautreizende Stoffe Beachten Sie, dass auch bei sonst ungiftigen Pflanzen die Samen Giftstoffe enthalten können, ebenso Blumenzwiebeln und -knollen!

Hinweise zu den Pflanzenbeschreibungen

Aussehen: Hier stehen Kurzangaben zu Blütenfarben und -formen, zum Wuchs, zum Blattwerk sowie zu den Früchten, wenn diese dekorativ oder schmackhaft sind. Bei den Blüten habe ich jeweils die Hauptfarbtöne angegeben, zwischen denen es, je nach Sorte, oft die verschiedensten Schattierungen gibt. Auch die Blütenformen können bei Züchtungen abweichen.

Vorziehen: Ergänzend zum Kapitel über die Pflanzenanzucht (ab Seite 32) stehen hier bei Balkonblumen spezielle Hinweise zur Anzucht aus Samen. Sofern nicht anders angegeben, handelt es sich um Dunkelkeimer, deren Samen abgedeckt werden.

Pflanzen: Gibt den Zeitpunkt des Einpflanzens bzw. Nach-draußen-Stellens der Pflanzgefäße an, bei Balkonblumen außerdem die optimalen Abstände zu anderen Pflanzen. Bei Kräutern und Gemüse sind die beiden vorgenannten Rubriken durch **Anziehen** ersetzt.

Pflegen: Hier finden Sie kurz die speziellen Pflegebedürfnisse der jeweiligen Pflanze, vor allem was das Gießen und

Wandelröschen und Enzianbaum gehören zu den wenigen Kübelpflanzen, die sich dunkel überwintern lassen.

Düngen betrifft, ebenso Hinweise auf besondere Empfindlichkeiten, etwa gegen Dauerregen oder Wind.

Vermehren: Bei mehrjährigen Pflanzen sind hier die Möglichkeiten genannt, Nachwuchs durch Stecklinge oder andere Vermehrungsmethoden (siehe Seite 38–41) zu gewinnen.

Überwintern: Hier finden Sie Angaben zu den idealen Überwinterungsbedingungen für Kübelpflanzen und Topfgehölze.

Gestalten: Diese Rubrik bietet Tipps und Anregungen, um die Pflanze optimal zur Geltung zu bringen.

Balkonpflanzen

Auf den folgenden Seiten stelle ich Ihnen mehr als 60 Balkonpflanzen im Porträt vor, dazu kommen etliche Kurzvorstellungen im tabellarischen Überblick. Und dennoch kann dies unmöglich komplett sein: Denn immer wieder werden neue Pflanzen auf dem Markt eingeführt und erlangen zumindest kurzzeitig Popularität. Oder früher beliebte, fast vergessene Arten erleben ein Comeback. Wer die Fülle des Angebots nutzt und öfter Neues ausprobiert, hat gute Chancen für noch mehr Balkonspaß.

Schon im Frühling eröffnen die ersten zarten Blüten, etwa von Krokussen oder Schneeglöckchen, die Blühsaison. Ihnen folgen prächtige Blüher wie Tulpen, Ranunkeln oder Hyazinthen, die teils mit späterer Blütezeit einen nahtlosen Übergang zum bunten Sommerflor schaffen. Manche Sommerblumen sind früher dran als die meisten anderen: Die zweijährigen Arten wie Tausendschön oder Goldlack wachsen schon im Vorjahr heran und blühen bereits im Frühjahr. Damit sind sie ideale Partner für die früh blühenden Zwiebel- und Knollenblumen.

Bis zum Herbst im Blütenrausch

Die sommerliche Blütenpracht ist natürlich das »Herzstück« der Balkonbepflanzung – schließlich begleitet sie tagtäglich den Aufenthalt draußen. Eine Pflanzengruppe spielt deshalb unbestritten die wichtigste Rolle:

● Die einjährigen Sommerblumen, die im Frühjahr aus Samen angezogen werden, meist ab Juni bis in den Herbst hinein üppig blühen und schließlich nach den ersten Frösten absterben. Viele dieser Arten wachsen in ihrer wärmeren Heimat eigentlich mehrjährig, werden bei uns aber besser jedes Jahr neu gesät bzw. gepflanzt.

● Daneben gibt es unter den Einjährigen Arten mit besonderen Eigenschaften, die die Gestaltungsmöglichkeiten erweitern; so die schnellwüchsigen Kletterpflanzen und sehr attraktive Blattschmuckpflanzen.

● Stauden wie Astilben oder Bergenien sind ausdauernde Pflanzen, an denen man sich auch in Gefäßkultur über mehrere Jahre erfreuen kann. Sie bereichern das Balkonsortiment vor allem mit schattenverträglichen Arten, mit Früh- und Spätjahrsblühern und Blattschmuckpflanzen.

● Zwerggehölze finden als junge Pflanzen und in kleinwüchsigen Formen auch Platz in Balkonkästen oder Schalen. Besondere Bedeutung haben immergrüne Arten, oft mit zierenden Früchten, als Herbst- und Winterschmuck.

Zarte, anmutige Frühlingsboten

Tausendschön
Bellis perennis

Höhe: 15–20 cm
Blütezeit: März–Juni

Aussehen: zweijährige Sommerblume mit kompakter Blattrosette; Blüten weiß, rosa, rot, meist gefüllt, auch pompon- oder knopfartig; Blätter spatelförmig, hellgrün
Vorziehen: Aussaat im Juni/Juli, Lichtkeimer; halbschattig stellen, in Einzeltöpfe pikieren
Pflanzen: im Herbst (Winterschutz, Erde nicht austrocknen lassen) oder Frühjahr mit 10–15 cm Abstand
Pflegen: mäßig gießen, nur an warmen Tagen reichlich; alle 2 Wochen düngen; verwelkte Blüten regelmäßig entfernen
Gestalten: schöner Begleiter für Frühjahrszwiebelblumen, hübsch im Kontrast zu blau oder gelb blühenden Pflanzen

Krokus
Crocus-Arten

Höhe: 5–10 cm
Blütezeit: Februar–März

Aussehen: aufrecht wachsende Knollenpflanze mit kurzen Blütenstielen; Blüten gelb, weiß, rosa, purpurrot, violett, auch mehrfarbig, becher- oder kelchförmig; Blütezeit je nach Art und Sorte unterschiedlich; Blätter linealisch, sattgrün
Pflanzen: im zeitigen Frühjahr gekaufte Pflanzen mit 10 cm Abstand einsetzen oder Knollen im September/Oktober 6–8 cm tief stecken, dann draußen mit Reisigabdeckung oder drinnen dunkel und kühl überwintern
Pflegen: zurückhaltend gießen; nach Blühbeginn einmal düngen
Gestalten: besonders attraktiv, wenn verschiedenfarbige Arten und Sorten kombiniert werden

Schneeglöckchen
Galanthus nivalis

Höhe: 10–15 cm
Blütezeit: Februar–März

Aussehen: zierliche, aufrecht wachsende Zwiebelpflanze; weiße Blütenglöckchen, innere Blütenblätter grün gerandet; Blätter linealisch, dunkelgrün
Pflanzen: im zeitigen Frühjahr gekaufte Pflanzen mit 4 cm Abstand einsetzen oder Zwiebeln im September 10 cm tief stecken, draußen mit Reisigabdeckung oder drinnen dunkel und kühl überwintern
Pflegen: ab dem Austrieb hell bis halbschattig stellen, mäßig gießen; nach Blühbeginn einmal düngen
Gestalten: als sehr zeitige Frühjahrsblüher besonders reizvoll, hübsch zusammen mit Krokussen in Schalen und Kästen

 Gute Partner

- Hyazinthen • Narzissen
- Traubenhyazinthen • Vergissmeinnicht

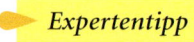 **Expertentipp**

Im Herbst unter Gehölze im Kübel gesteckte Zwiebeln belohnen mit zeitigen Frühjahrsgrüßen.

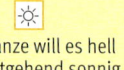 Die Pflanze will es hell und weitgehend sonnig

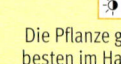 Die Pflanze gedeiht am besten im Halbschatten

 Die Pflanze gedeiht noch im Schatten

 Viel gießen (im Allgemeinen täglich)

Vergissmeinnicht
Myosotis sylvatica

Höhe: 15–25 cm
Blütezeit: April–Juni

Aussehen: buschige, kompakte zweijährige Sommerblume; zahlreiche
kleine Einzelblüten in vielen Blautö-
nen, rosa oder weiß; Blätter spatelförmig, kurz behaart, hellgrün
Vorziehen: Aussaat im Juli, dann
halbschattig aufstellen, später einzeln in Töpfe pikieren
Pflanzen: im Herbst (Winterschutz)
oder Frühjahr mit 15 cm Abstand
Pflegen: an warmen Tagen reichlich
gießen, aber nicht nass halten; Düngen nicht nötig
Gestalten: blaue Vergissmeinnicht
sind ein hübscher Kontrast zu weißen, gelben und roten Frühjahrsblü-
hern; ihr buschiger Wuchs lockert
die straffen Formen von Zwiebelblumen auf

 **Gute Partner**

• *Goldlack* • *Narzissen* • *Primeln*
• *Stiefmütterchen* • *Tausendschön*
• *Tulpen*

Kissenprimel
Primula vulgaris ssp. *vulgaris*

Höhe: 5–15 cm
Blütezeit: März–Mai

   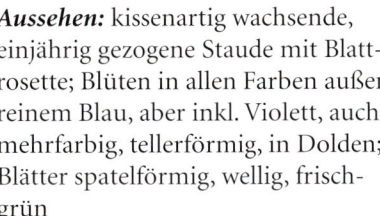

Aussehen: kissenartig wachsende,
einjährig gezogene Staude mit Blattrosette; Blüten in allen Farben außer
reinem Blau, aber inkl. Violett, auch
mehrfarbig, tellerförmig, in Dolden;
Blätter spatelförmig, wellig, frischgrün
Pflanzen: ab Februar vorgezogene
Pflanzen kaufen und mit 15–20 cm
Abstand einsetzen
Pflegen: gleichmäßig leicht feucht
halten; Düngung nicht nötig
Gestalten: sehr attraktiv ist eine
Mischung verschiedenfarbiger Sorten in flachen Schalen; Primeln passen gut zu farblich abgestimmten
Tulpen, Narzissen und Hyazinthen

 Expertentipp

*Wenn Sie einen Garten haben,
können Sie die Primeln nach der
Blüte auspflanzen.*

Mini-Stiefmütterchen
Viola-Cornuta-Hybriden

Höhe: 10–15 cm
Blütezeit: April–Juli (Herbst)

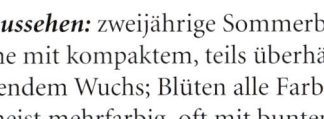

Aussehen: zweijährige Sommerblume mit kompaktem, teils überhän-
gendem Wuchs; Blüten alle Farben,
meist mehrfarbig, oft mit bunten
»Gesichtern«, klein, sehr zahlreich;
Blätter länglich-eiförmig, dunkelgrün
Vorziehen: bei Aussaat im Juli helle,
kühle Überwinterung nötig, damit
die Pflanzen nicht in die Höhe schießen; am besten vorgezogene Pflanzen kaufen
Pflanzen: im März/April mit
10–20 cm Abstand
Pflegen: an warmen Tagen reichlich,
sonst mäßig gießen; höchstens einmal düngen; verwelkte Blütenstiele
abschneiden
Gestalten: hübsche Begleiter als
Unterpflanzung von spät blühenden
Tulpen und Narzissen

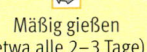
Mäßig gießen
(etwa alle 2–3 Tage)

Wenig gießen
(nicht austrocknen lassen)

Kann Ampeln und
Hängekörbe zieren

Enthält giftige oder
hautreizende Stoffe

Opulente Frühjahrsblüher

Goldlack
Erysimum cheiri

Höhe: 25–35 cm
Blütezeit: April–Juni

Aussehen: aufrecht wachsende, buschig verzweigte zweijährige Sommerblume; Blüten gelb, orange, rot, braun, 2–3 cm groß, in Trauben, einfach oder gefüllt, honigartig duftend; Blätter linealisch, sattgrün
Vorziehen: Aussaat Mai–Juli, dann einzeln in Töpfe pikieren
Pflanzen: im Herbst (Winterschutz geben) oder Frühjahr mit 15–20 cm Abstand
Pflegen: gleichmäßig leicht feucht halten; alle 2 Wochen düngen; Verblühtes regelmäßig entfernen
Gestalten: etwas nostalgisch wirkende Pflanzen, die besonders schön in Farbmischungen wirken und sich für den Duftbalkon gut eignen; sehr hübsch auch zusammen mit Vergissmeinnicht und Hyazinthen

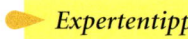 *Expertentipp*

Wählen Sie für Kästen und Schalen kompakte Sorten (z. B. 'Zwergbusch'- oder 'Bedder'-Serie) aus.

Hyazinthe
Hyacinthus orientalis

Höhe: 20–30 cm
Blütezeit: April–Mai

Aussehen: straff aufrecht wachsende Zwiebelpflanze; Blüten in nahezu allen Farben, in großen, walzenförmigen Blütenständen mit betörendem Duft; Blätter riemenförmig, hellgrün
Pflanzen: im Oktober Zwiebeln 15–20 cm tief stecken oder im Frühjahr bereits vorgetriebene Pflanzen kaufen und einsetzen, Abstand 15 cm
Pflegen: eingepflanzte Zwiebeln zunächst frostfrei und dunkel unterbringen, Erde nicht austrocknen lassen; bei Austrieb hell stellen, mäßig gießen, nach Blühbeginn einmal düngen; abgeblühte Blütenstände abschneiden
Gestalten: sehr schön mit Zweijährigen wie Tausendschön, Vergissmeinnicht oder Goldlack

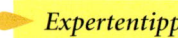 *Expertentipp*

Bei Hyazinthen und anderen Zwiebelblumen enthalten meist nur die Zwiebeln Giftstoffe.

Narzisse
Narcissus-Arten

Höhe: 10–40 cm
Blütezeit: März–Mai (je nach Sorte)

Aussehen: aufrecht wachsende, ein- oder mehrstielige Zwiebelpflanze; Blüten gelb, orange, weiß, auch zweifarbig, trompeten- oder sternförmig, teils duftend; Blätter riemenförmig, hellgrün
Pflanzen: im Frühjahr gekaufte Pflanzen mit 10 cm Abstand einsetzen oder Zwiebeln im September 5–10 cm tief stecken, frostfrei und dunkel überwintern
Pflegen: ab dem Austrieb hell bis halbschattig stellen; leicht feucht halten; nach Blühbeginn einmal düngen
Gestalten: Narzissen stets in kleinen Gruppen pflanzen; bei Kombination mit anderen Arten unterschiedliche Blütezeiten der Narzissen-Sorten beachten

---

Ranunkel
Ranunculus asiaticus

Höhe: 15–60 cm
Blütezeit: Dezember–April

Aussehen: breit aufrecht wachsende, mehrstielige Knollenpflanze; Blüten weiß, gelb, orange, rosa, rot, meist dicht gefüllt; Blätter handförmig geteilt, dunkelgrün
Pflanzen: gekaufte Pflanzen ab April mit 20 cm Abstand einsetzen oder die klauenartigen Knollen im Frühjahr oder Herbst höchstens 5 cm tief stecken (»Klauenspitzen« nach unten!); bei Herbstpflanzung frostfrei und dunkel überwintern
Pflegen: gleichmäßig feucht halten; alle 1–2 Wochen schwach dosiert düngen
Gestalten: besonders prächtig und weithin leuchtend in gemischten Blütenfarben in großen Schalen

Tulpe
Tulipa-Arten und -Hybriden

Höhe: 10–40 cm
Blütezeit: März–Mai (je nach Sorte)

Aussehen: aufrecht wachsende, eintriebige Zwiebelpflanze; Blüten alle Farben außer Blau, auch mehrfarbig, teils duftend, glockig bis trichterförmig, Wildtulpen auch sternförmig; Blätter lanzettlich, graugrün, je nach Sorte auch gestreift oder gefleckt
Pflanzen: im zeitigen Frühjahr gekaufte Pflanzen mit 10 cm Abstand einsetzen oder Zwiebeln im September 10 cm tief stecken, frostfrei und dunkel überwintern, Erde nicht austrocknen lassen
Pflegen: mäßig feucht halten; nach Blühbeginn einmal düngen; verblühte Stiele bis zur Hälfte ab schneiden
Gestalten: immer in kleinen Gruppen zu 4–5 Stück pflanzen

Stiefmütterchen
Viola x *wittrockiana*

Höhe: 15–25 cm
Blütezeit: März–Juni (auch Herbst)

Aussehen: zweijährige, buschig und kompakt wachsende Sommerblume; Blüten alle Farben, auch mehrfarbig, klein- oder großblumig; Blätter eirund bis länglich-lanzettlich, dunkelgrün
Vorziehen: aus Samen im Juni/Juli; halbschattig stellen, in Einzeltöpfe pikieren
Pflanzen: im Herbst (Winterschutz) oder Frühjahr mit 10–15 cm Abstand einsetzen
Pflegen: mäßig gießen, an warmen Tagen reichlich; alle 2 Wochen düngen; Verblühtes entfernen
Gestalten: wirken am schönsten flächig in Farbmischungen; untermalen hervorragend höhere Zwiebelblumen; auch für die Herbstbepflanzung geeignet

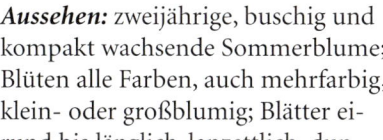

> **Expertentipp**
>
> *Kräftige Knollen können Sie später im Garten auspflanzen, bis dahin sollten sie kühl gelagert werden.*

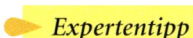

> **Expertentipp**
>
> *Achten Sie darauf, dass im Herbst gepflanzte Stiefmütterchen nicht austrocknen.*

 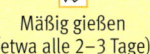
Mäßig gießen
(etwa alle 2–3 Tage)

Wenig gießen
(nicht austrocknen lassen)

Kann Ampeln und
Hängekörbe zieren

Enthält giftige oder
hautreizende Stoffe

Prächtige Hängepflanzen

Zweizahn, Goldfieber
Bidens ferulifolia

Höhe: 15–30 cm
Blütezeit: Mai–Oktober

Aussehen: einjährig kultivierte Staude, breit überhängend, mit bis zu 1 m langen Trieben; Blüten goldgelb, sternförmig; Blätter doppelt gefiedert, dunkelgrün
Vorziehen: meist nur als Jungpflanze angeboten; Anzucht aus Samen von Januar–März; Stecklinge im August oder von überwinterten Exemplaren im Januar–März schneiden
Pflanzen: ab Mitte Mai mit 25–30 cm Abstand einsetzen; sehr wuchskräftig, daher nicht mit schwachwüchsigen Pflanzen kombinieren
Pflegen: hoher Wasserbedarf; wöchentlich düngen oder beim Pflanzen Langzeitdünger geben
Gestalten: sehr attraktiv mit blauen, violetten oder roten Hängepetunien und -verbenen

 Expertentipp

Sehr wuchskräftige Pflanze, die allzu zarte Partner verdrängen und schnell überwuchern kann.

Zauberglöckchen
Calibrachoa-Hybriden

Höhe: 20–30 cm
Blütezeit: Mai–Oktober

Aussehen: einjährig kultivierte Staude mit hängender, rundlich ausladender Wuchsform; Blüten rot, blau, violett, gelb, orange, weiß, klein, trichterförmig, sehr zahlreich; Blätter klein, spatelförmig, klebrig
Vorziehen: entfällt; nur als Jungpflanzen im Handel
Pflanzen: ab Mitte Mai mit 25–30 cm Abstand in Substrat mit niedrigem pH-Wert (um 5,5), am besten Petunienerde, einsetzen
Pflegen: feucht, aber nicht nass halten, mit kalkarmem Wasser gießen; alle 1–2 Wochen düngen; kein Ausputzen nötig; neuere Sorten sind regen- und windfest
Gestalten: schön mit großblütigen Hängepetunien oder Wandelröschen

Hängepelargonie
Pelargonium-Peltatum-Gruppe

Höhe: 25–35 cm
Blütezeit: Mai–Oktober

Aussehen: meist einjährig kultivierte Halbsträucher, halb oder ganz hängend, bis 1,5 m Trieblänge; Blüten rot, rosa, lila, weiß, auch zweifarbig, einfach oder gefüllt; Blätter schildförmig, fleischig, frischgrün
Vorziehen: samenvermehrbare Sorten selten; Stecklingsschnitt im August oder im Februar/März möglich
Pflanzen: ab Mitte Mai mit 20–30 cm Abstand einsetzen
Pflegen: gleichmäßig feucht halten; wöchentlich düngen; verwelkte Blütenstiele ausbrechen (bei selbstreinigenden Sorten nicht nötig); zum Überwintern Mitte August Düngung einstellen, vor dem Frost hell bei 2–5 °C unterbringen
Gestalten: vielfältig kombinierbar

Expertentipp

Botanisch richtig ist der Name »Pelargonie«, im Volksmund heißen die Pflanzen allerdings »Geranien«.

☼ Die Pflanze will es hell und weitgehend sonnig

◐ Die Pflanze gedeiht am besten im Halbschatten

● Die Pflanze gedeiht noch im Schatten

Viel gießen (im Allgemeinen täglich)

Hängepetunie
Petunia-Hybriden

Höhe: 15–30 cm
Blütezeit: Mai–Oktober

Aussehen: halb oder ganz hängende, einjährige bis halbstrauchige Pflanze mit bis zu 1,5 m langen Trieben; große oder kleine Trichterblüten in nahezu alle Farben, auch mehrfarbig, meist einfach, seltener gefüllt, teils duftend; Blätter klein, spatelförmig, hellgrün, klebrig
Vorziehen: nur bei F$_1$-Hybridsorten möglich, Anzucht Januar–März
Pflanzen: ab Mitte Mai mit 20–30 cm Abstand am besten in spezielle Petunienerde einsetzen
Pflegen: gut feucht, jedoch nicht nass halten, möglichst kalkarmes Wasser verwenden; kein Ausputzen oder Rückschnitt erforderlich
Gestalten: hübsch mit Fächerblume, Verbenen oder Kapkörbchen

Hängeverbene
Verbena-Hybriden

Höhe: 20–25 cm
Blütezeit: Juni–Oktober

Aussehen: einjährig kultivierte Staude, halb oder ganz hängend; kleine Einzelblüten, blau, violett, rot, rosa, weiß, in doldenartigen Ähren; Blätter länglich-eiförmig, Rand gezackt, dunkelgrün
Vorziehen: schwierig, besser Jungpflanzen kaufen
Pflanzen: ab Mitte Mai mit 20–30 cm Abstand einsetzen
Pflegen: gut feucht, aber keinesfalls staunass halten; wöchentlich düngen; Verblühtes entfernen
Gestalten: die farbkräftigen, starkwüchsigen Hängeverbenen, z. B. aus der 'Tapien'-, 'Temari'- oder 'Tukana'-Gruppe, harmonieren am besten mit robusten Partnern wie Goldtaler, Zauberglöckchen oder Zweizahn

Expertentipp

Achtung beim Kombinieren, manche Sorten, z. B. die 'Surfinia'-Petunien, sind sehr starkwüchsig.

Weitere blühende Hängepflanzen für Kästen und Ampeln

Name	Höhe Trieblänge	Blütenfarbe Blütezeit
Für sonnige Plätze:		
Blaues Gänseblümchen (*Brachyscome iberidifolia*)	20–30 cm bis 30 cm	violett, rosa Juli–September
Hängepolster-Glockenblume (*Campanula poscharskyana*)	15–20 cm bis 60 cm	hellviolett, blau Juni–Oktober
Blaue Mauritius (*Convolvulus sabatius*)	15–25 cm bis 1 m	hellblau,-violett Mai–Oktober
Elfenspiegel (*Nemesia*-Hybriden)	15–30 cm bis 1,5 m	viele Farben Mai–September
Schwarzäugige Susanne (*Thunbergia alata*)	30–50 cm bis 1,5 m	gelb, orange, weiß Juni–Oktober
Für sonnige bis halbschattige Plätze:		
Knollenbegonie (*Begonia-Tuberhybrida*-Gruppe)	15–35 cm bis 40 cm	weiß, rosa, gelb Mai–Oktober
Kaskadenblume (*Centradenia*-Hybriden)	20–25 cm bis 70 cm	rosa, pink April–September
Zigarettenblümchen (*Cuphea ignea*)	25–30 cm bis 30 cm	rot-weiß Mai–Oktober
Fächerblume (*Scaevola saligna*)	20–30 cm bis 1 m	violett, blau Mai–Oktober
Schneeflockenblume (*Sutera diffusus*)	20–25 cm bis 1 m	weiß, zartrosa Mai–Oktober
Kapuzinerkresse (*Tropaeolum majus*)	25–30 cm bis 1 m	gelb, orange, rot Juli–Oktober
Für halbschattige bis schattige Plätze:		
Fuchsie (*Fuchsia*-Hybriden) Hängesorten	20–30 cm bis 40 cm	rot, lila, rosa, weiß Mai–Oktober

 Mäßig gießen (etwa alle 2–3 Tage)

 Wenig gießen (nicht austrocknen lassen)

 Kann Ampeln und Hängekörbe zieren

 Enthält giftige oder hautreizende Stoffe

Die Klassiker unter den Balkonpflanzen

Knollenbegonie
Begonia-Tuberhybrida-Gruppe

Höhe: 15–35 cm
Blütezeit: Mai–Oktober

Aussehen: breit aufrecht oder hängend wachsende Knollenpflanze; Blüten in allen Farben außer Blau, meist gefüllt, Hängesorten oft kleinblumig; Blätter spitz-oval, fleischig, oliv- bis dunkelgrün, auch rötlich
Vorziehen: Knollen (mit der bauchigen Seite nach unten) im Februar/März einpflanzen, hell bei 20 °C und feucht halten
Pflanzen: nach Mitte Mai mit 20–25 cm Abstand einsetzen
Pflegen: gut feucht halten (aber keine Staunässe!); alle 2 Wochen schwach dosiert düngen; Verblühtes entfernen; Überwinterung der Knollen luftig und trocken bei 5–10 °C
Gestalten: hübsche Begleiter sind Männertreu und Duftsteinrich

Pantoffelblume
Calceolaria integrifolia

Höhe: 20–30 cm
Blütezeit: Mai–September

Aussehen: einjährig gezogener, buschiger, leicht überhängender Halbstrauch; Blüten gelb, auch rötlich gefleckt, »pantoffelartig« in Rispen; Blätter länglich-oval, frischgrün
Vorziehen: samenvermehrbare Sorten im Januar/Februar bei 15 °C anziehen; sonst aus Stecklingen, Schnitt im August/September, hell bei 5–10 °C überwintern
Pflanzen: ab Mitte Mai mit 20–25 cm Abstand einsetzen
Pflegen: gut feucht halten; wöchentlich schwach dosiert düngen; Verblühtes regelmäßig entfernen; möglichst regengeschützt aufstellen
Gestalten: klassische Kombination: mit roten Pelargonien und blauem Männertreu

Fuchsie
Fuchsia-Hybriden

Höhe: 20–40 cm
Blütezeit: Mai–Oktober

Aussehen: buschig aufrechter, halb hängender oder hängender Strauch; Blüten rot, rosa, blauviolett, weiß, auch zweifarbig, trichterartige Glöckchen, einfach oder gefüllt; Blätter spitz-oval, sattgrün, aber auch buntlaubig
Vorziehen: aus Stecklingen, Schnitt im Frühjahr oder Spätsommer
Pflanzen: ab Mitte Mai mit 20–25 cm Abstand einsetzen
Pflegen: vor Wind schützen; stets feucht halten; bis Mitte August wöchentlich düngen; Verblühtes entfernen; hell oder dunkel bei 6 °C überwintern
Gestalten: niedrige und hängende Sorten für Kästen und Ampeln, hohe Sorten auch als Kübelpflanzen

Expertentipp

Mit gelb-orange-roten Mischungen bringen Sie auch in dunkle Balkonecken Farbe.

Gute Partner

- Begonien • Feuersalbei
- Leberbalsam • Männertreu
- Pelargonien • Vanilleblume

Expertentipp

Sehr schöne Pflanze für schattige Plätze; Kübelpflanzen wirken als Hochstämmchen sehr attraktiv.

Die Pflanze will es hell und weitgehend sonnig | Die Pflanze gedeiht am besten im Halbschatten | Die Pflanze gedeiht noch im Schatten | Viel gießen (im Allgemeinen täglich)

Fleißiges Lieschen
Impatiens-Hybriden

Höhe: 20–40 cm
Blütezeit: Mai–Oktober

Aussehen: einjährig kultivierte Staude, buschig bis breitwüchsig, auch überhängend; Blüten bei *Walleriana*-Hybriden weiß, rosa, pink, bei *Neuguinea*-Hybriden auch orange, violett, einfach oder gefüllt; Blätter spitz-eiförmig, glänzend dunkelgrün, auch bronzefarben
Vorziehen: aus Samen im Februar/März oder aus Stecklingen im Spätsommer oder Frühjahr; Jungpflanzen entspitzen
Pflanzen: Ende Mai mit 20–30 cm Abstand einsetzen
Pflegen: regengeschützt aufstellen; stets feucht halten; alle 2 Wochen schwach dosiert düngen; für bessere Verzweigung ab und zu entspitzen
Gestalten: Farbmischungen wirken sehr attraktiv in großen Schalen

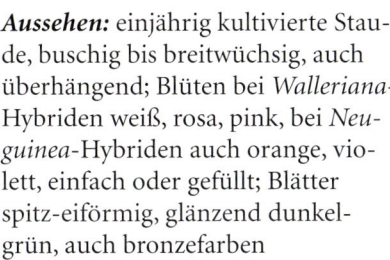 **Expertentipp**

Fleißige Lieschen stehen leicht beschattet am besten. Meiden Sie prall sonnige Standorte.

Aufrechte Pelargonie
Pelargonium-Zonale-Gruppe

Höhe: 30–35 cm
Blütezeit: Mai–Oktober

Aussehen: teils einjährig kultivierter, aufrecht wachsender, buschiger Halbstrauch; Blüten rosa, rot, orange, lila, violett, weiß, auch zweifarbig, einfach oder gefüllt; Blätter rundlich, leicht behaart oder glatt
Vorziehen: samenvermehrbare Sorten im Dezember/Januar säen (hell bei 20–24 °C); Stecklingsschnitt im August oder im Februar/März
Pflanzen: ab Mitte Mai mit 20–25 cm Abstand
Pflegen: mäßig feucht halten; wöchentlich düngen, Verwelktes entfernen; Mitte August Düngung einstellen, hell bei 2–5 °C überwintern
Gestalten: als dominierende Leitpflanzen oder als Begleiter mit vielen Arten kombinierbar

Gute Partner

- Duftsteinrich • Harfenstrauch
- Kapaster • Pantoffelblume
- Zwergmargerite

Aufrechte Petunie
Petunia-Hybriden

Höhe: 20–30 cm
Blütezeit: Mai–September

Aussehen: buschig aufrecht oder leicht überhängend wachsende einjährige Sommerblume; Blüten in allen Farben, auch mehrfarbig, trichter- oder tellerförmig, groß- oder kleinblumig, einfach oder gefüllt; Blätter klein, spatelförmig, hellgrün, klebrig
Vorziehen: aus Samen ab Januar (–März), einzeln in Töpfe pikieren
Pflanzen: ab Mitte Mai mit 20–30 cm Abstand einsetzen
Pflegen: gut feucht halten; wöchentlich düngen; Verblühtes entfernen
Gestalten: sehr attraktiv in violett-weißer Mischung oder als markante Begleitpflanze für hohe Arten wie Ziertabak, Strauchmargeriten, Pelargonien

Expertentipp

Diese Petunien sind weniger wetterfest als die Hängepetunien (Seite 77). Möglichst regengeschützt aufstellen.

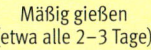
Mäßig gießen
(etwa alle 2–3 Tage)

Wenig gießen
(nicht austrocknen lassen)

Kann Ampeln und
Hängekörbe zieren

Enthält giftige oder
hautreizende Stoffe

Robuste und wetterfeste Schönheiten

Leberbalsam
Ageratum houstonianum

Höhe: 15–25 cm
Blütezeit: Mai–Oktober

Aussehen: einjährig kultivierter, breitbuschiger und kompakter Halbstrauch; Blüten blau, violett, pink, rosa, weiß, Doldentrauben mit rundlichen Blütenköpfchen; Blätter herzförmig bis eirund, sattgrün
Vorziehen: Aussaat ab Januar–März, bald pikieren
Pflanzen: ab Mitte Mai mit 15–20 cm Abstand einsetzen
Pflegen: gleichmäßig feucht halten; alle 2 Wochen düngen; Verblühtes regelmäßig wegschneiden; windfest und regentolerant
Gestalten: verträglicher Begleiter, der sich mit den meisten anderen Balkonblumen kombinieren lässt; eignet sich gut als Vorpflanzung zu höheren Arten am Kastenrand

Goldtaler, Goldmünze
Asteriscus maritimus

Höhe: 25–30 cm
Blütezeit: April/Mai–Oktober

Aussehen: meist einjährig kultivierte, leicht überhängende Staude; Blüten goldgelb, wie kleine Sonnenblumen; Blätter klein, linealisch, kräftig grün
Vorziehen: aus Kopfstecklingen ohne Blütenknospen, die ab August geschnitten werden; hell und kühl überwintern
Pflanzen: ab Mitte Mai mit 20–25 cm Abstand einsetzen
Pflegen: gleichmäßig feucht halten; wöchentlich düngen; Verblühtes regelmäßig wegschneiden; regenfest, verträgt pralle Sonne; kann hell bei ca. 10 °C überwintert werden
Gestalten: schön als leicht hängende »Eckpflanze« im Kasten oder als Vorpflanzung in großen Schalen

Astilbe, Prachtspiere
Astilbe-Arten

Höhe: 20–60 cm
Blütezeit: Juni–September

Aussehen: aufrecht und buschig wachsende Staude; Blüten rot, rosa oder weiß, in kerzen- oder büschelartigen Rispen; Blätter mehrfach gefiedert, dunkelgrün
Vorziehen: Aussaat und Teilung im Frühjahr möglich, für den Balkon besser jedoch Jungpflanzen kaufen
Pflanzen: ab April, Zwergastilben im Kasten mit 20–25 cm Abstand einsetzen
Pflegen: stets gut feucht halten; jährlich im Frühjahr mit etwas Langzeitdünger versorgen; Überwinterung draußen mit Winterschutz oder frostfrei, hell oder dunkel
Gestalten: höhere Sorten einzeln in Töpfe setzen; rosa, rote und weiße Sorten kombinieren

> 👉 **Expertentipp**
>
> *Leberbalsam können Sie auch überwintern (hell, bei 10–15 °C) und im Frühjahr über Stecklinge vermehren.*

> 👉 **Expertentipp**
>
> *Vorsicht, der Goldtaler wächst recht kräftig und kann schwachwüchsige Pflanzen überwuchern.*

> 🌼 **Gute Partner**
>
> • *Bergenie* • *Efeu* • *Farne* • *Fuchsien* • *Funkien* • *kleine Immergrüne*

☼	☀	●	🪣
Die Pflanze will es hell und weitgehend sonnig	Die Pflanze gedeiht am besten im Halbschatten	Die Pflanze gedeiht noch im Schatten	Viel gießen (im Allgemeinen täglich)

Kapaster
Felicia amelloides

Höhe: 20–50 cm
Blütezeit: Mai–Oktober

Aussehen: meist einjährig gehaltene, polsterartig bis buschig wachsende Staude; margeritenähnliche Blüten, hellblau mit gelber Mitte, in großer Zahl; Blätter klein, länglich-oval, rauhaarig, dunkelgrün
Vorziehen: aus Stecklingen, die im August/September geschnitten werden; hell und kühl überwintern; Jungpflanzen entspitzen, um einen buschigen Wuchs zu erzielen
Pflanzen: ab Mitte Mai mit 20–25 cm Abstand einsetzen
Pflegen: gleichmäßig leicht feucht halten; alle 2 Wochen düngen; Überwinterung möglich (hell, bei 10–22 °C)
Gestalten: für gemischte Kästen, aber auch allein als Kübelpflanze

Studentenblume
Tagetes-Arten und -Hybriden

Höhe: 15–30 cm
Blütezeit: Mai–Oktober

Aussehen: aufrecht wachsende, kompakte bis buschige einjährige Sommerblume; Blüten gelb, orange, rot, rotbraun, auch mehrfarbig; *T. tenuifolia* mit einfachen Blütenkörbchen, *T.-Patula*-Hybriden meist gefüllt bis pomponartig, herb duftend; Blätter gefiedert, sattgrün
Vorziehen: Aussaat ab Januar–März
Pflanzen: ab Mitte Mai mit 15–25 cm Abstand einsetzen
Pflegen: mäßig feucht halten; wöchentlich düngen; Verblühtes regelmäßig entfernen; wind- und regenfest, vor allem *T. tenuifolia*
Gestalten: sehr vielfältig kombinierbar, besonders hübsch mit blauen und violetten Partnern oder farbenprächtig mit roten Blühern

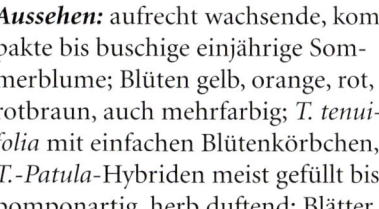 **Gute Partner**

• *Elfenspiegel* • *Pantoffelblume* • *Pelargonien* • *Petunien* • *Studentenblume* • *Zwergmargerite*

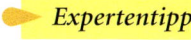 **Expertentipp**

Achtung, die Pflanzen enthalten Stoffe, die unter Sonneneinwirkung Hautreizungen verursachen können.

Weitere robuste Balkonpflanzen

Name	Höhe Wuchsform	Blütenfarbe Blütezeit
Regentolerant, wetterfest:		
Fächerblume (*Scaevola saligna*)	20–30 cm hängend	violett, blau Mai–Oktober
Außerdem: Elfenspiegel, moderne Sorten (S. 84), Elfensporn (S. 86), Hängepetunien (S. 77), Hänge-verbenen (S. 77), Pelargonien, ungefüllte Sorten (S. 76 und 79), Zauberglöckchen (S. 76), Zweizahn (S. 76)		
Windfest:		
Gelbe Zwergmargerite (*Coleostephus multicaulis*)	20–25 cm buschig	gelb Mai–September
Weiße Zwergmargerite (*Hymenostemma paludosum*)	15–30 cm buschig	weiß Mai–Oktober
Schneeflockenblume (*Sutera diffusus*)	20–25 cm hängend	weiß, zartrosa Mai–Oktober
Außerdem: Eisbegonie (S. 86), Elfensporn (S. 86), Kapkörbchen (S. 85), Pelargonien (S. 76 und 79), Zauberglöckchen (S. 76), Zweizahn (S. 76)		
Für pralle Sonne (leider meist regenempfindlich):		
Mittagsgold (*Gazania*-Hybriden)	20–25 cm rosettig	gelb, Rottöne, weiß Juni–Oktober
Strohblume (*Helichrysum bracteatum*)	30–40 cm buschig	gelb, Rottöne, weiß Juni–Oktober
Gelbes Gänseblümchen (*Thymophylla tenuiloba*)	15–20 cm breit, überhängend	gelb Juni–Oktober
Außerdem: Kapkörbchen (S. 85), Mittagsblume (S. 84), Portulakröschen (S. 87), Zweizahn (S. 76)		
Schattenverträglich:		
Bergenie (*Bergenia*-Arten)	20–50 cm breit, buschig	rosa, rot, weiß März–Mai
Funkie (*Hosta*-Arten)	30–60 cm horstartig	weiß, lila, violett Juli–August
Außerdem: Fleißiges Lieschen (S. 79), Fuchsie (S. 78), Knollenbegonie (S. 88)		

Vielseitige Begleiter

Löwenmäulchen
Antirrhinum majus

Höhe: 10–30 cm
Blütezeit: Juni–September

Aussehen: buschig bis polsterartig, auch hängend wachsende einjährige Sommerblume; Blüten gelb, orange, rot, rosa, weiß, auch zweifarbig, in Trauben, mit typischer »Mäulchen«-Form; Blätter zahlreich, klein, linealisch, sattgrün
Vorziehen: aus Samen im Februar; bei Jungpflanzen Mitteltriebe entspitzen, um einen buschigen Wuchs zu erzielen
Pflanzen: ab Mai mit 20 cm Abstand einsetzen
Pflegen: mäßig feucht halten, keinesfalls zu nass; alle 2 Wochen schwach dosiert düngen; verblühte Triebe wegschneiden
Gestalten: oft in Farbmischungen und in pastelligen Tönen angeboten; lässt sich vielfältig kombinieren

Blaues Gänseblümchen
Brachyscome iberidifolia

Höhe: 20–30 cm
Blütezeit: Juli–September

Aussehen: einjährige, halb hängende, breitwüchsige Sommerblume; margeritenähnliche Blüten, blau, violett, purpurn, rosa, weiß, mit gelber Mitte, duftend; Blätter zart fiedrig, hellgrün
Vorziehen: Aussaat im März/April
Pflanzen: ab Mitte Mai mit 15–20 cm Abstand einsetzen
Pflegen: gleichmäßig feucht halten; alle 2 Wochen schwach dosiert düngen, bei starken Blattaufhellungen Eisenpräparat verabreichen; Verblühtes regelmäßig entfernen
Gestalten: in gemischten Kästen am vorderen oder seitlichen Rand einsetzen; sehr attraktiv in hängenden Ampeln oder als Unterpflanzung für Hochstämmchen

> ### Expertentipp
> *Sie können auch die ähnliche, aber mehrjährige Brachyscome multifida wählen; diese lässt sich überwintern.*

Spanisches Gänseblümchen
Erigeron karvinskianus

Höhe: 20–30 cm
Blütezeit: Mai–September

Aussehen: meist einjährig kultivierte, breit kisssenartig und teilweise überhängend wachsende Staude; Blüten anfangs weiß, dann rosa bis rot, gänseblümchenähnlich, klein und zahlreich; Blätter verkehrt eiförmig bis länglich, klein, sattgrün
Vorziehen: Aussaat ab Januar–März, Lichtkeimer
Pflanzen: ab Mitte Mai mit 20–30 cm Abstand einsetzen
Pflegen: mäßig feucht halten; alle 2 Wochen düngen; Verblühtes regelmäßig entfernen; kann hell und frostfrei überwintert werden, zuvor lange Triebe einkürzen
Gestalten: zarter, verträglicher Begleiter für nicht allzu starkwüchsige Balkonblumen; bringt zartes, luftiges Flair in mediterrane oder naturnahe Pflanzungen

---

☀ Die Pflanze will es hell und weitgehend sonnig   ☼ Die Pflanze gedeiht am besten im Halbschatten   ● Die Pflanze gedeiht noch im Schatten   Viel gießen (im Allgemeinen täglich)

Männertreu, Lobelie
Lobelia erinus

Höhe: 10–20 cm
Blütezeit: Mai–Oktober

Aussehen: einjährig kultivierte, buschig bis polsterartig oder hängend wachsende Staude; Blüten blau, violett, rosa, teils mit weißem Auge oder weiß, klein, sehr zahlreich; Blätter klein, linealisch, dunkelgrün
Vorziehen: Aussaat Januar–März, Lichtkeimer; in Büscheln in Töpfe pikieren
Pflanzen: ab Mitte Mai mit 20 cm Abstand einsetzen
Pflegen: gleichmäßig feucht halten; alle 2 Wochen schwach dosiert düngen; Verblühtes abschneiden
Gestalten: passt als Füllpflanze und Vorpflanzung (Hängeformen) am Kasten- oder Schalenrand zu fast allen Sommerblumen; hübsch als Hochstämmchen-Unterpflanzung

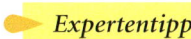 *Expertentipp*

Wenn Sie die Pflanze nach dem ersten Flor um 1/3 zurückschneiden, treibt sie reichlich neue Blüten.

Duftsteinrich
Lobularia maritima

Höhe: 8–15 cm
Blütezeit: Juni–Oktober

Aussehen: einjährige, polsterartig und leicht überhängend wachsende Sommerblume; Blüten weiß, rosa, violett, klein, in bis zu 5 cm langen Trauben, mit leichtem Honigduft; Blätter schmal, dunkelgrün
Vorziehen: Aussaat im März/April
Pflanzen: ab Mitte Mai mit 15 cm Abstand einsetzen
Pflegen: mäßig feucht halten; bei Nachlassen des ersten Flors zurückschneiden, danach einmal düngen, damit die Pflanze wieder kräftig austreibt und Knospen bildet
Gestalten: schmucke Füllpflanze am vorderen oder seitlichen Kastenrand und in gemischten Schalen; schöner Begleiter für aufrecht wachsende Duftpflanzen (z. B. Vanilleblume oder Duftwicke); eignet sich auch zur Unterpflanzung von Hochstämmchen

Husarenknöpfchen
Sanvitalia procumbens

Höhe: 8–15 cm
Blütezeit: Juni–Oktober

  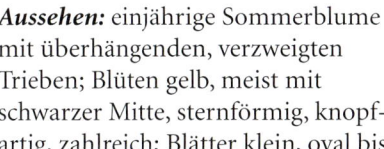

Aussehen: einjährige Sommerblume mit überhängenden, verzweigten Trieben; Blüten gelb, meist mit schwarzer Mitte, sternförmig, knopfartig, zahlreich; Blätter klein, oval bis lanzettlich, hellgrün
Vorziehen: Aussaat im März
Pflanzen: ab Mitte Mai mit 10–15 cm Abstand einsetzen
Pflegen: stets leicht feucht halten; alle 2 Wochen schwach dosiert düngen; verblühte Triebe regelmäßig wegschneiden; vor Regen schützen
Gestalten: sehr hübsch als Begleiter rot, blau oder violett blühender Blumen; als hängende Vorpflanzung am Kastenrand, zur Unterpflanzung von Kübelpflanzen und als Ampelpflanze sehr gut geeignet

---

Mäßig gießen
(etwa alle 2–3 Tage)

Wenig gießen
(nicht austrocknen lassen)

**Kann Ampeln und
Hängekörbe zieren**

**Enthält giftige oder
hautreizende Stoffe**

Besonders farbkräftige Blüher

Dahlie
Dahlia-Hybriden

Höhe: 20–45 cm
Blütezeit: Mai/Juni–Oktober

Aussehen: aufrecht wachsende, buschige Knollenpflanze; Blüten weiß, gelb, rosa, pink, rot, oft in Farbmischungen, einfach, halb gefüllt oder gefüllt; Blätter eiförmig, dunkelgrün oder dunkelpurpurn
Vorziehen: samenvermehrbare Sorten im Februar/März, je 2–3 Samenkörner in Töpfe säen
Pflanzen: ab Mitte Mai mit 30 cm Abstand einsetzen
Pflegen: bei Hitze reichlich gießen, aber nicht nass halten; wöchentlich düngen; Verblühtes regelmäßig abschneiden; hohe Sorten stützen; möglichst windgeschützt aufstellen
Gestalten: niedrige, kompakte Sorten in gemischten Farben in Balkonkästen oder Schalen kombinieren

Mittagsblume
Dorotheanthus bellidiformis

Höhe: 5–15 cm
Blütezeit: Juli–September

Aussehen: einjährige Sommerblume mit flach ausgebreitetem, polsterartigem Wuchs; Blüten weiß, gelb, orange, rosa, rot, violett, margeritenähnlich; Blätter klein, linealisch, dickfleischig
Vorziehen: im März/April einzeln in Töpfe säen; auch Saat Anfang Mai direkt in den Balkonkasten möglich
Pflanzen: ab Mitte Mai mit 10 cm Abstand einsetzen
Pflegen: fast trocken halten; nicht düngen
Gestalten: passt gut zu anderen sonnenhungrigen Blumen wie Portulakröschen; meist in Farbmischungen angeboten, die in Schalen sehr schön zur Geltung kommen

Elfenspiegel
Nemesia-Hybriden

Höhe: 15–30 cm
Blütezeit: Mai–September

Aussehen: einjährige, buschig oder hängend wachsende Sommerblume; Blüten in allen Farben, zu mehreren in Doldentrauben, teils duftend; Blätter klein, lanzettlich, gezähnt, dunkelgrün
Vorziehen: Aussaat im März/April, einmal pikieren oder ab Mitte Mai direkt in den Kasten
Pflanzen: ab Mitte Mai mit 15–20 cm Abstand einsetzen
Pflegen: mäßig gießen; Rückschnitt nach der ersten Blüte im Juni/Juli bewirkt einen Nachflor; nur nach Rückschnitt düngen; windgeschützt aufstellen
Gestalten: zu Farbmischungen passen Begleiter wie Männertreu und Duftsteinrich

 Expertentipp

Mittagsblumen brauchen viel Sonne und einen regengeschützten Standort, damit sich die Blüten öffnen.

Expertentipp

Neuere Sorten (z. B. 'Karoo'-, 'Sunsatia'-Serie) müssen nicht ausgeputzt und zurückgeschnitten werden.

 Die Pflanze will es hell und weitgehend sonnig

Die Pflanze gedeiht am besten im Halbschatten

Die Pflanze gedeiht noch im Schatten

 Viel gießen (im Allgemeinen täglich)

Kapkörbchen
Osteospermum-Hybriden

Höhe: 20–40 cm
Blütezeit: Mai–Oktober

Aussehen: einjährig kultivierte Staude mit buschigem bis kissenartigem, aufrechtem Wuchs; Blüten weiß, gelb, orange, rosa, rot, lila, margeritenähnlich, öffnen sich nur bei Sonne; Blätter lanzettlich, sattgrün
Vorziehen: über Stecklinge, die im Januar/Februar geschnitten werden, jedoch schwierig
Pflanzen: gekaufte Jungpflanzen ab Mitte Mai mit 15–20 cm Abstand einsetzen
Pflegen: leicht feucht halten, nicht vernässen; alle 2 Wochen düngen; ab Ende Juni Verblühtes wegschneiden; regengeschützt platzieren
Gestalten: schön mit anderen sonnenhungrigen Blumen, z. B. Gazanien, Mittagsblumen, Kapaster

Feuersalbei
Salvia splendens

Höhe: 20–30 cm
Blütezeit: Mai–September

Aussehen: einjährig kultivierte Staude mit aufrecht buschigem Wuchs; rote, violette und lachsrosa Lippenblüten in einfachen oder verzweigten Blütentrauben; Blätter mittelgroß, eiförmig zugespitzt, frischgrün
Vorziehen: Aussaat im Februar/März; Jungpflanzen bei 8 cm Höhe entspitzen, die Triebspitzen können als Stecklinge gepflanzt werden
Pflanzen: ab Mitte Mai mit 20–30 cm Abstand einsetzen
Pflegen: gleichmäßig feucht halten; wöchentlich schwach dosiert düngen; welke Blütenstände regelmäßig wegschneiden
Gestalten: hübsch mit gelben, blauen oder weißen Partnern, z. B. Studentenblumen und Männertreu

 Expertentipp

Platzieren Sie Feuersalbei möglichst regen- und windgeschützt, dann blüht er am schönsten.

Weitere farbintensive Blüher

Name	Höhe Wuchsform	Blütenfarbe Blütezeit
Für sonnige Plätze:		
Gelbe Zwergmargerite (*Coleostephus multicaulis*)	20–25 cm buschig	gelb Mai–September
Mittagsgold (*Gazania*-Hybriden)	20–25 cm rosettig	gelb, Rottöne, weiß Juni–Oktober
Sonnenblume (*Helianthus annuus*)	40–60 cm aufrecht	gelb, orange, rotbraun Juli–Oktober
Strohblume (*Helichrysum bracteatum*)	30–40 cm buschig	gelb, Rottöne, weiß Juni–Oktober
Wandelröschen (*Lantana camara*)	30–50 cm buschig	gelb, orange, rot Juni–Oktober
Sterntalerblume (*Melampodium paludosum*)	20–40 cm buschig	gelb Mai–September
Flammenblume (*Phlox drummondii*)	15–30 cm buschig	weiß, gelb, rosa, violett Juli–September
Gelbes Gänseblümchen (*Thymophylla tenuiloba*)	15–20 cm überhängend	gelb Juni–Oktober
Zinnie (*Zinnia*-Arten)	15–30 cm buschig	viele Farben Juli–September
Für sonnige bis halbschattige Plätze:		
Gauchheil (*Anagallis monelli*)	10–25 cm hängend	blau, rot Juni–Oktober
Ringelblume (*Calendula officinalis*)	15–30 cm aufrecht	gelb, orange Juni–Oktober
Becherblume (*Nierembergia hippomanica*)	15–20 cm polsterartig	blau, violett, rot, weiß Juli–Oktober
Kapuzinerkresse (*Tropaeolum majus*)	25–30 cm buschig, hängend	gelb, orange, rot Juli–Oktober

Mäßig gießen (etwa alle 2–3 Tage)

Wenig gießen (nicht austrocknen lassen)

Kann Ampeln und Hängekörbe zieren

Enthält giftige oder hautreizende Stoffe

Dezentes Farbenspiel

Eisbegonie
Begonia-Semperflorens-Gruppe

Höhe: 15–30 cm
Blütezeit: Mai–Oktober

Aussehen: einjährig kultivierte Staude mit aufrechtem, kompaktem Wuchs; Blüten weiß, rosa, rot, auch zweifarbig, meist einfach, auch gefüllt; Blätter schief-eiförmig, dickfleischig, sattgrün, teils auch braunrot oder bronzefarben, glänzend
Vorziehen: durch Aussaat im Winter, jedoch schwierig, besser Jungpflanzen kaufen
Pflanzen: ab Mitte Mai mit 15–25 cm Abstand einsetzen
Pflegen: gut feucht halten, bei sonnigem Stand reichlich gießen, aber nicht vernässen; alle 2–3 Wochen schwach dosiert düngen; Verblühtes abzupfen
Gestalten: sehr schön sind Kombinationen aus hellblütigen Sorten mit dunkel gezeichnetem Laub

 **Gute Partner**

- *Buntnessel* • *Fuchsien*
- *Pantoffelblume* • *Petunien*
- *Vanilleblume*

Glockenblume
Campanula-Arten

Höhe: 10–30 cm
Blütezeit: Juni/Juli–September

Aussehen: ein- oder mehrjährig kultivierte, kompakt buschige oder hängende Staude; blaue, violette, rosa oder weiße Glockenblüten; Blätter rund bis herzförmig, sattgrün
Vorziehen: samenvermehrbare Sorten im Februar/März aussäen; Vermehrung durch Teilen der Stauden im Frühjahr möglich
Pflanzen: ab April mit 20–30 cm Abstand einsetzen
Pflegen: mäßig feucht halten; alle 2 Wochen düngen; verblühte Triebe wegschneiden; hell und frostfrei überwintern
Gestalten: die Karpatenglockenblume (*C. carpatica* Bild) ziert Kästen und Schalen; *C. portenschlagiana* und *C. poscharskyana* (hängend und starkwüchsig) sind schöne Ampelpflanzen

Elfensporn
Diascia-Hybriden

Höhe: 25–30 cm
Blütezeit: Mai–Oktober

Aussehen: meist einjährig kultivierte, buschig kompakte Staude mit teils überhängenden Trieben; zahlreiche kleine Blüten, Rosa- und Rottöne, weiß; Blätter klein, stängelumfassend, rundlich, hellgrün
Vorziehen: Samen werden selten angeboten, Aussaat im Januar–März
Pflanzen: nach Mitte Mai mit 20 cm Abstand einsetzen
Pflegen: gleichmäßig feucht halten; alle 2 Wochen düngen; verwelkte Blütenstiele wegschneiden; regen- und windverträglich; kann hell bei 8–10 °C überwintert werden
Gestalten: attraktiv in Ampeln, auch in Kästen und Schalen und als Hochstämmchen-Unterpflanzung

 **Gute Partner**

- *Blaue Mauritius* • *Duftsteinrich*
- *Husarenknöpfchen* • *Männertreu* • *Nierembergie*

 Die Pflanze will es hell und weitgehend sonnig

 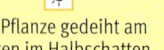 Die Pflanze gedeiht am besten im Halbschatten

 Die Pflanze gedeiht noch im Schatten

 Viel gießen (im Allgemeinen täglich)

Vanilleblume
Heliotropium arborescens

Höhe: 30–60 cm
Blütezeit: Mai–September

Aussehen: ein- bis mehrjährig kultivierte, kompakt und buschig wachsende Staude; Blüten blau, violett, in großen Dolden, duften abends besonders intensiv; Blätter oval-zugespitzt, runzelig, dunkelgrün
Vorziehen: Aussaat im Februar/März (Lichtkeimer), Jungpflanzen entspitzen; Schnitt von Stecklingen im Herbst oder Frühjahr
Pflanzen: ab Mitte Mai mit 25 cm Abstand einsetzen
Pflegen: gleichmäßig leicht feucht halten; wöchentlich düngen; Verblühtes entfernen; regengeschützt aufstellen; Hochstämmchen hell bei 12–15 °C überwintern
Gestalten: eignet sich sehr gut für Duftbalkone oder mediterrane Gestaltungen, in kompakter Form für gemischte Kästen, als Hochstämmchen gezogen in Kübeln und Töpfen

Ziertabak
Nicotiana x *sanderae*

Höhe: 30–35 cm
Blütezeit: Juli–September

Aussehen: einjährige, aufrecht wachsende, buschige Sommerblume; Blüten weiß, creme, gelb, rosa, rot, violett, oft in pastelligen Farben, aber auch kräftig getönt, Röhren mit sternförmiger Krone, manche Sorten mit süßem Abendduft; Blätter lanzettlich, etwas gewellt, dunkelgrün
Vorziehen: Aussaat Februar/März (Lichtkeimer), am besten zweimal pikieren
Pflanzen: ab Mitte Mai mit 25–30 cm Abstand einsetzen
Pflegen: hoher Wasserbedarf; wöchentlich düngen; verwelkte Blütenrispen wegschneiden
Gestalten: niedrige Sorten für gemischte Kästen oder große Schalen, immer in Grüppchen zu 2–3 pflanzen; hochwüchsige Sorten auch einzeln oder zu zweien in Töpfen

Portulakröschen
Portulaca grandiflora

Höhe: 10–15 cm
Blütezeit: Juni–August

Aussehen: einjährige, niederliegend bis überhängend wachsende Sommerblume; schalenförmige Blüten, gelb, orange, rot, pink, rosa oder weiß, Blütenblätter seidenartig dünn, öffnen sich nur bei Sonne; Blätter nadelartig, fleischig, hellgrün
Vorziehen: Aussaat März–Mai; nach Anfang Mai auch Saat direkt in den Balkonkasten möglich
Pflanzen: ab Mitte Mai mit 15 cm Abstand einsetzen
Pflegen: zurückhaltend gießen; alle 4–6 Wochen düngen; regengeschützt platzieren
Gestalten: stets in leuchtend pastellfarbenen Mischungen angeboten, die trotz ihres niedrigen Wuchses auch ohne Begleiter Kästen, Schalen oder Ampeln schmücken

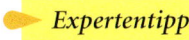 *Expertentipp*

Portulakröschen sollten Sie nur mit Arten kombinieren, die keinen hohen Wasserbedarf haben.

 Mäßig gießen
(etwa alle 2–3 Tage)

 Wenig gießen
(nicht austrocknen lassen)

 Kann Ampeln und
Hängekörbe zieren

 Enthält giftige oder
hautreizende Stoffe

Zierendes Blattwerk

Bergenie
Bergenia cordifolia, B.-Hybriden

Höhe: 20–50 cm
Blütezeit: März–Mai

Aussehen: breitbuschig wachsende
Blattschmuckstaude; rosa, rote oder
weiße Blütenglöckchen in dichten
Trugdolden; Blätter glänzend grün
oder dunkelrot, auch über Winter
Pflanzen: ab Mai bis Herbst; kleine
Exemplare in gemischten Herbst-
pflanzungen mit 25 cm Abstand,
größere einzeln oder zu wenigen in
Töpfe setzen
Pflegen: nur leicht feucht halten;
Überwinterung draußen, in rauen
Lagen mit Winterschutz; im Früh-
jahr mit Langzeitdünger versorgen
Vermehren: Teilung nach der Blüte
möglich
Gestalten: robuster Pflanzen-
schmuck für jede Saison

Efeu
Hedera helix

Höhe: bis 5 m
Blütezeit: September

Aussehen: immergrüner, kletternder
oder hängender Strauch; Blüten
gelbgrün (nur an älteren Exemplaren, aus ihnen entstehen hochgiftige, schwarze Beeren); junge Blätter
drei- bis fünflappig, ältere rauten-
förmig, grün, auch weiß oder gelb
gemustert
Pflanzen: junge Exemplare für Kästen und Ampeln fast ganzjährig; als
Kletterpflanze im Kübel bevorzugt
im Frühjahr
Pflegen: mäßig feucht halten; im
April/Mai Langzeitdünger geben;
Überwinterung draußen, mit Winterschutz
Vermehren: durch Stecklinge
Gestalten: auch als hängende Beipflanze in Kästen und Ampeln;
hübsch als Klettergehölz für Kübel

Harfenstrauch
Plectranthus forsteri

Höhe: 15–30 cm
Blütezeit: August–September

Aussehen: einjährig kultivierte Stau-
de mit bis zu 2 m langen, hängenden
Trieben; Blüten unscheinbar, weiß;
Blätter herzförmig, sattgrün, meist
weiß gerandet, herb duftend
Pflanzen: ab Mitte Mai mit 20–30
cm Abstand einsetzen
Pflegen: mäßig feucht halten; bis
Mitte August alle 2 Wochen düngen;
Überwinterung möglich (hell, bei
10 °C), vorher lange Triebe zurückschneiden
Vermehren: über Stecklinge, Schnitt
im März/April, für buschigeren
Wuchs Jungpflanzen entspitzen
Gestalten: hübscher, allerdings
starkwüchsiger Begleiter für Som-
mer- und Herbstblüher wie Pelargonien oder Chrysanthemen

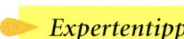 **Expertentipp**

*Für die Balkonbepflanzung empfehle
ich die Sorten 'Bressingham Ruby'
(rotes Laub) und 'Baby Doll'.*

Expertentipp

*Leiten Sie kletternden Efeu am
Rankgerüst hoch, seine Haftwurzeln
könnten sonst der Fassade schaden.*

Expertentipp

*Der Harfenstrauch heißt auch
»Mottenkönig«, da sein Geruch
Motten und Mücken vertreiben soll.*

☀ Die Pflanze will es hell
und weitgehend sonnig

◑ Die Pflanze gedeiht am
besten im Halbschatten

● Die Pflanze gedeiht
noch im Schatten

Viel gießen
(im Allgemeinen täglich)

Silberblatt
Senecio cineraria

Höhe: 20–30 cm
Blütezeit: blüht im 1. Jahr nicht

Aussehen: einjährig kultivierter Halbstrauch; Blätter je nach Sorte grün-, grau- oder weißsilbrig, tief gelappt oder geschlitzt
Pflanzen: ab Mitte Mai für die Somerbepflanzung oder im Spätsommer für die Herbstbepflanzung mit 20–30 cm Abstand einsetzen
Pflegen: nur leicht feucht halten; alle 2 Wochen schwach dosiert düngen; regengeschützt aufstellen
Vermehren: aus Samen ab Januar–März
Gestalten: Ruhepunkt zwischen bunten Pflanzungen; schön in dezent-noblen Blau-Rosa-Weiß-Kombinationen; aber auch für reine Blattschmuckpflanzungen; sehr hübsch in herbstlichen Pflanzungen zusammen Kissenastern, Topf-, Besen- oder Schneeheide

Buntnessel
Solenostemon scutellarioides

Höhe: 20–40 cm
Blütezeit: Juli–September

Aussehen: meist einjährig kultivierte, buschige Staude; Blüten unscheinbar, blauweiß, in Rispen; Blätter ei- bis herzförmig, meist mehrfarbig, gemustert in verschiedenen Grün-, Rot-, Rosa- und Gelbtönen
Pflanzen: ab Mitte Mai mit 20–25 cm Abstand einsetzen
Pflegen: gleichmäßig feucht halten; alle 2 Wochen düngen; falls Blütenrispen erscheinen, gleich ausbrechen
Vermehren: aus Samen im Januar/Februar oder über im Herbst oder Frühjahr geschnittene Stecklinge
Gestalten: wirkt sehr attraktiv in Kombination verschieden gefärbter Sorten; hübsch auch einzeln in Töpfen

🌼 Gute Partner

- *Blaues Gänseblümchen*
- *Gauchheil* • *Männertreu*
- *Sterntalerblume*

Weitere Blattschmuckpflanzen

Name	Höhe Wuchsform	Blattfarbe
Für sonnige Plätze:		
Zierdost (*Origanum vulgare* 'Aureum')	bis 30 cm buschig bis hängend	gelbgrün
Ziersalbei (*Salvia officinalis* in Sorten)	bis 30 cm buschig	gelbgrün, weißgrün und rötlich
Heiligenkraut (*Santolina*-Sorten)	bis 30 cm buschig	silbrig
Gamander (*Teucrium*-Sorten)	bis 30 cm buschig	sattgrün, silbrig grün
Für sonnige bis halbschattige Plätze:		
Hängebambus (*Agrostis stolonifera* 'Green Twist')	bis 1,3 m hängend	hellgrün
Günsel (*Ajuga reptans* in Sorten)	bis 60 cm kriechend bis hängend	rötlich, purpurn, graugrün oder weißrandig
Stacheldrahtpflanze (*Calocephalus brownii*)	bis 30 cm buschig bis hängend	silbrig, grau
Silberöhrchen (*Dichondra argentea* 'Silver Falls')	bis 1,2 m hängend	silbrig
Gundermann (*Glechoma hederacea* 'Variegata')	bis 2 m hängend	grün, silbrig weiß gerandet
Lakritzkraut (*Helichrysum petiolare* in Sorten)	bis 50 cm buschig, halb hängend	silbrig oder grüngelb
Für halbschattige bis schattige Plätze:		
Taub- und Goldnessel (*Lamium maculatum, L. galeobdolon*)	bis 50 cm kriechend bis hängend	silbrig grün, gelbgrün

---

 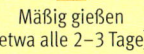
 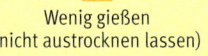

Grüner und blühender Sichtschutz

Glockenrebe
Cobaea scandens

Höhe: bis 4 m
Blütezeit: Juli–Oktober

Aussehen: meist einjährig kultivierte Kletterpflanze; Blüten violett, rot, blau oder weiß, glockenförmig; Blätter dunkelgrün, gefiedert, an den Enden zu Wickelranken umgebildet
Vorziehen: im März, je 2 Samen hochkant in einen Topf stecken
Pflanzen: ab Mitte Mai mit 50–70 cm Abstand einsetzen
Pflegen: hoher Wasserbedarf; alle 2 Wochen (stickstoffarm) düngen oder zur Pflanzung Langzeitdünger geben; Abkneifen der Triebspitzen sorgt für stärkere Verzweigung
Gestalten: sehr hübsch wirkt es, wenn Sie je eine violette und weiße Sorte links und rechts der Balkontür aufstellen und die Pflanzen oben zusammenwachsen lassen

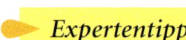 **Expertentipp**

Vorsicht, die Glockenrebe kann durch ihren starken und schnellen Wuchs andere Pflanzen bedrängen.

Japanischer Hopfen
Humulus japonicus

Höhe: 2–4 m
Blütezeit: Juli/August

Aussehen: einjährige Schlingpflanze; Blüten unscheinbar; Blätter groß, fünf- bis siebenlappig, kräftig grün, bei der Sorte 'Variegata' weißbunt
Vorziehen: Aussaat im Februar/ März, einzeln in Töpfe pikieren
Pflanzen: ab Mitte Mai mit 40–50 cm Abstand einsetzen
Pflegen: bei sonnigem Stand reichlich gießen, aber Staunässe vermeiden; alle 6–8 Wochen düngen; Spalier oder Draht als Kletterhilfe anbieten
Gestalten: bietet schon wenige Wochen nach der Pflanzung dichten Sicht- und Windschutz; verdeckt schnell unansehnliche Fassaden oder Geländer; auch für Nordseiten geeignet

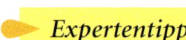 **Expertentipp**

Beachten Sie beim Vorziehen: Alle Kletterpflanzen brauchen schon im Anzuchttopf kleine Stützstäbe.

Prunkwinde
Ipomoea tricolor

Höhe: 2–3 m
Blütezeit: Juli–Oktober

Aussehen: einjährig kultivierte, schnell wachsende Schlingpflanze; Blüten blau oder purpurn mit gelbweißem Schlund, trichterförmig, schließen sich oft schon nachmittags; Blätter herzförmig zugespitzt, sattgrün
Vorziehen: Aussaat im März/April, einzeln in Töpfe pikieren, Jungpflanzen entspitzen
Pflanzen: ab Mitte Mai mit 30–50 cm Abstand einsetzen
Pflegen: stets gut feucht, aber nicht nass halten; alle 1–2 Wochen düngen; Standort möglichst wind- und regengeschützt; für ausreichende Kletterhilfe sorgen
Gestalten: besonders attraktiv mit gelb oder weiß blühender Unterpflanzung, z. B. Husarenknöpfchen oder Duftsteinrich

---

 Die Pflanze will es hell und weitgehend sonnig

 Die Pflanze gedeiht am besten im Halbschatten

 Die Pflanze gedeiht noch im Schatten

 Viel gießen (im Allgemeinen täglich)

Duftwicke
Lathyrus odoratus

Höhe: 1,5–2 m
Blütezeit: Juni–September

    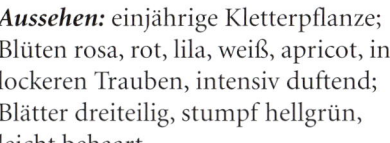

Aussehen: einjährige Kletterpflanze; Blüten rosa, rot, lila, weiß, apricot, in lockeren Trauben, intensiv duftend; Blätter dreiteilig, stumpf hellgrün, leicht behaart
Vorziehen: Aussaat im Februar/März, 3–4 Körner pro Topf; ab Mitte April auch Saat direkt ins Gefäß möglich; Jungpflanzen entspitzen
Pflanzen: ab Mitte Mai mit 20–30 cm Abstand einsetzen
Pflegen: gleichmäßig feucht halten; wöchentlich düngen; Verblühtes regelmäßig entfernen; windgeschützt aufstellen
Gestalten: häufig in bunten Prachtmischungen angeboten; buschige Sorten (20–40 cm hoch) auch für gemischte Kästen

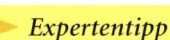 **Expertentipp**

Die Pflanze gilt nur als gering giftig; halten Sie aber die etwas giftigeren Samen von Kindern fern.

Schwarzäugige Susanne
Thunbergia alata

Höhe: 1–2 m
Blütezeit: Juni–Oktober

Aussehen: einjährig gehaltene Schlingpflanze; Blüten gelb, orange, weiß, meist mit schwarzem Auge; Blätter lang gestielt, herzförmig, frischgrün
Vorziehen: Aussaat ab Februar–März, 3–4 Körner pro Topf; Jungpflanzen entspitzen
Pflanzen: ab Mitte Mai mit 20–40 cm Abstand einsetzen
Pflegen: gleichmäßig feucht halten, aber Staunässe unbedingt vermeiden; alle 2 Wochen düngen; gelegentlich stutzen, damit sich die Pflanze besser verzweigt; möglichst wind- und regengeschützt aufstellen
Gestalten: attraktive, nicht allzu starkwüchsige Kletterpflanze; eignet sich ohne Stütze auch als Hängepflanze für Ampeln und gemischte Kästen

Weitere einjährige Kletterpflanzen

Name	Höhe Wuchsform	Blütenfarbe Blütezeit
Für sonnige Plätze:		
Adlumie (*Adlumia fungosa*)	bis 3 m Ranker	weiß, zartrosa Juni–August
Maurandie, Schlinglöwenmaul (*Asarina barclaiana*)	bis 3 m Ranker	rosa, violett, blau Juni–Oktober
Ballonrebe (*Cardiospermum halicacabum*)	bis 3 m Ranker	grün/Zierfrüchte Juni–August
Zierkürbis (*Cucurbita pepo*)	bis 4 m Ranker	gelb/Zierfrüchte Juni–September
Helmbohne (*Dolichos lablab*)	bis 4 m Schlinger	violett, weiß Juli–September
Schönranke (*Eccremocarpus scaber*)	bis 4 m Ranker	rot, orange Juli–September
Sternwinde (*Ipomoea lobata*)	bis 3 m Schlinger	gelb, rot Juni–September
Trichterwinde (*Ipomoea purpurea*)	bis 3 m Schlinger	blau, rot, rosa Juli–Oktober
Flaschenkürbis (*Lagenaria siceraria*)	bis 4 m Ranker	weiß/Zierfrüchte Juli–September
Rosenkleid (*Rhodochiton atrosanguineus*)	bis 3 m Ranker	rot, violett Juni–Oktober
Für sonnige bis halbschattige Plätze:		
Feuerbohne (*Phaseolus coccineus*)	bis 3 m Schlinger	weiß, rot Juni–September
Kapuzinerkresse (*Tropaeolum majus*)	bis 3 m Ranker	gelb, orange, rot Juli–Oktober
Kanarische Kresse (*Tropaeolum peregrinum*)	bis 3 m Ranker	gelb Juli–Oktober

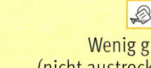

Schmucke Blütenpracht im Spätjahr

Kissenaster
Aster-Dumosus-Hybriden

Höhe: 15–35 cm
Blütezeit: September–Oktober

 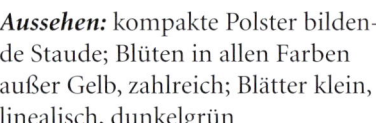

Aussehen: kompakte Polster bilden-de Staude; Blüten in allen Farben außer Gelb, zahlreich; Blätter klein, linealisch, dunkelgrün
Pflanzen: im August/September mit 20–30 cm Abstand einsetzen
Pflegen: mäßig feucht halten; nach Überwinterung (hell und frostfrei oder draußen mit Winterschutz) im Frühjahr mit Langzeitdünger versorgen, ggf. im Sommer nachdüngen
Vermehren: durch Teilung im Frühjahr oder Stecklinge im Frühsommer
Gestalten: blaue, violette und weiße Sorten sind besonders wertvoll, da sie zwischen den vielen Rosa- und Rottönen des Herbstes vermitteln

Sommeraster
Callistephus chinensis

Höhe: 15–35 cm
Blütezeit: Juli–Oktober

Aussehen: buschig oder breit auf-recht wachsende einjährige Sommerblume; Blüten weiß, rosa, rot, violett oder blau, oft mit auffälliger gelber Mitte, meist gefüllt, halbku-gelig bis pomponartig; Blätter klein, linealisch, dunkelgrün
Pflanzen: ab Mitte Mai mit 20–25 cm Abstand einsetzen
Pflegen: bei Hitze kräftig gießen, sonst mäßig feucht halten; wöchentlich düngen; Verblühtes regelmäßig entfernen
Vermehren: aus Samen im März/April
Gestalten: für Sommer- und Herbstbepflanzungen

Herbstchrysantheme
Chrysanthemum x *grandiflorum*

Höhe: 20–40 cm
Blütezeit: September–November

Aussehen: meist einjährig kultivierte Staude mit buschig verzweigtem Wuchs; Blüten: alle Farben außer Blau, einfach, gefüllt oder pompon-artig, groß- oder kleinblumig; Blätter tief eingeschnitten, dunkel- bis graugrün, aromatisch duftend
Pflanzen: im August/September mit 20–30 cm Abstand einsetzen
Pflegen: gleichmäßig feucht halten; nach voller Blütenentfaltung einmal düngen; Verwelktes entfernen; Überwinterung lohnt nicht
Vermehren: ganzjährig über Grund-stecklinge möglich
Gestalten: bunt gemischt in großen Schalen sehr dekorativ; für Kästen und Schalen niedrige Sorten wählen, hochwüchsige für Kübel und Tröge

 **Gute Partner**

- Fetthenne • Herbstchrysantheme
- Sommeraster • Topfheide

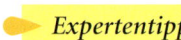 **Expertentipp**

Für Balkonkästen eignen sich so genannte Zwerg-, Topf- oder Beet-astern (bis 20 cm hoch) am besten.

 **Gute Partner**

- Harfenstrauch • Silberblatt
- weiße Topf- oder Besenheide
- weiße oder blaue Kissenastern

☼ Die Pflanze will es hell und weitgehend sonnig

◐ Die Pflanze gedeiht am besten im Halbschatten

● Die Pflanze gedeiht noch im Schatten

Viel gießen (im Allgemeinen täglich)

Herbstzeitlose
Colchicum-Hybriden

Höhe: 10–25 cm
Blütezeit: August–Oktober

Aussehen: aufrecht wachsende Knollenpflanze; Blüten rosa, violett, weiß, einfach oder gefüllt; Blätter breitlanzettlich, sattgrün, erscheinen erst im Frühjahr
Pflanzen: im Juli–August Knollen 10–15 cm tief stecken oder gekaufte Pflanzen einsetzen; Abstand von Knollen und Pflanzen 15–20 cm
Pflegen: gleichmäßig feucht halten (keine Staunässe!); Überwinterung frostfrei und dunkel, mit Winterschutz auch draußen; Pflanzen dann ab Frühjahrsaustrieb bis Juni alle 3 Wochen düngen, nicht jedoch während der Blüte
Vermehren: entfällt bei Gefäßkultur
Gestalten: in kleinen Gruppen pflanzen; schön z. B. mit Besenheide

 Expertentipp

Vorsicht, die Herbstzeitlose ist hochgiftig! Nicht verwenden, wenn kleine Kinder im Hause sind.

Topfheide
Erica gracilis

Höhe: 20–30 cm
Blütezeit: September–Dezember

Aussehen: einjährig kultivierter Halbstrauch, aufrecht und buschig verzweigt wachsend; rote, rosa oder weiße Blütenglöckchen, sehr üppig in dichten Trauben; Blätter klein, nadelförmig, dunkelgrün
Pflanzen: ab Ende August mit 20–25 cm Abstand einsetzen
Pflegen: gleichmäßig feucht halten, am besten nur mit kalkarmem Wasser gießen; wenig frosthart
Vermehren: entfällt, da nur einjährig kultiviert
Gestalten: in herbstlichen Kästen und Schalen attraktiver Partner für Kissenastern, Herbstchrysanthemen, Sommerastern und Zwerggehölze; hübsch auch als Unterpflanzung für herbstblühende Topfgehölze wie Strauchveronika

Fetthenne
Sedum telephium

Höhe: 30–50 cm
Blütezeit: September–Oktober

Aussehen: aufrecht und buschig wachsende Staude; Blüten rosa, purpurrot, klein, zahlreich in großen Dolden; Blätter rundlich oval, fleischig, hellgrün
Pflanzen: im Sommer Containerpflanzen einsetzen, einzeln in Töpfe oder mit 30–40 cm Abstand
Pflegen: mäßig feucht halten; bei Pflanzung mit Langzeitdünger versorgen, nach Überwinterung (hell und frostfrei oder draußen mit Winterschutz) ab Frühjahr bis August alle 4 Wochen düngen; abgeblühte Triebe im Frühjahr zurückschneiden
Vermehren: über Stecklinge, die sich leicht und schnell bewurzeln, Schnitt im Frühjahr/Frühsommer; auch Teilung möglich
Gestalten: besonders schön in dekorativen Kübeln

Mäßig gießen
(etwa alle 2–3 Tage)

Wenig gießen
(nicht austrocknen lassen)

Kann Ampeln und
Hängekörbe zieren

Enthält giftige oder
hautreizende Stoffe

Blüten- und Fruchtschmuck im Winter

Besenheide
Calluna vulgaris

Höhe: 20–30 cm
Blütezeit: je nach Sorte Juni–Dez.

Aussehen: immergrüner, aufrecht bis niederliegend wachsender Zwergstrauch; kleine Glöckchenblüten, rosa, weiß, rot, violett; Blätter klein, schuppenförmig, sattgrün
Pflanzen: im Sommer oder Frühherbst mit 10–20 cm, für Dauerbepflanzung 25–40 cm Abstand; in mit Sand vermischte Rhododendronerde
Pflegen: mit kalkarmem Wasser gießen; kann draußen überwintert werden, Schutz nur bei starken Frösten nötig; im Frühjahr um etwa 1/3 zurückschneiden und Rhododendrondünger geben
Vermehren: durch Stecklinge im August/September
Gestalten: für Sommer- und Herbstbepflanzungen

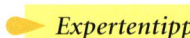 **Expertentipp**

»Knospenblüher«-Sorten öffnen ihre Blüten nicht ganz und zeigen so bis in den Winter hinein Farbe.

Schneeheide
Erica carnea

Höhe: 15–35 cm
Blütezeit: je nach Sorte Dez.–April

Aussehen: immergrüner, buschig bis polsterartig wachsender Zwergstrauch; Blüten rosa, weiß, rot, violett; Blätter klein, nadelartig, grün
Pflanzen: im September/Oktober mit 30 cm Abstand in mit Sand vermischte Rhododendronerde
Pflegen: mit kalkarmem Wasser gießen; kann draußen überwintert werden (Gefäße mit geringem Erdinhalt jedoch isolieren); im Frühjahr mit Rhododendrondünger versorgen, bei Bedarf bis August 1–2-mal nachdüngen
Vermehren: durch Stecklinge im Sommer
Gestalten: wertvoller Winterblüher, bunter Blickpunkt zwischen Zwerggehölzen

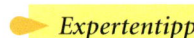 **Expertentipp**

Denken Sie daran: Schnee- und Besenheide auch im Winter an frostfreien Tagen gießen.

Topfmyrte
Gaultheria mucronata

Höhe: 50–80 cm
Blütezeit: Mai–Juni

Aussehen: immergrüner, breitbuschig wachsender Kleinstrauch; Blüten weißlich bis rosa; Blätter klein, oval, glänzend dunkelgrün; ab Herbst kugelige Beeren, rot, rosa oder weiß, leicht giftig
Pflanzen: im Frühjahr oder Herbst in Rhododendronerde einsetzen, in gemischten Kästen mit 30 cm Abstand
Pflegen: gleichmäßig leicht feucht halten (enthärtetes Wasser); bis August alle 8 Wochen Rhododendrondünger geben; Überwinterung draußen, mit gutem Schutz, in rauen Lagen besser drinnen (hell, kühl); alle 2–3 Jahre zurückschneiden
Vermehren: durch Stecklinge im Frühjahr
Gestalten: junge Pflanzen für gemischte Winterkästen, größere einzeln in Töpfen

---

☀ Die Pflanze will es hell und weitgehend sonnig

◐ Die Pflanze gedeiht am besten im Halbschatten

● Die Pflanze gedeiht noch im Schatten

🪣 Viel gießen (im Allgemeinen täglich)

Scheinbeere
Gaultheria procumbens

Höhe: bis 20 cm
Blütezeit: Juni–Juli

Aussehen: immergrüner, horstartig flach ausgebreitet wachsender Zwergstrauch; weißrosa Blütentrauben; Blätter oval, glänzend dunkelgrün, im Winter bronzefarben; ab September rote, kugelige Beeren, leicht giftig
Pflanzen: im Frühjahr oder Herbst einzeln oder mit 30 cm Abstand in mit Sand vermischte Rhododendronerde einsetzen
Pflegen: nur leicht feucht halten (enthärtetes Wasser); bis August alle 8 Wochen Rhododendrondünger geben; Überwinterung draußen, wenn nötig mit Winterschutz; nur störende Triebe wegschneiden
Vermehren: durch Teilung oder Aussaat im Frühjahr
Gestalten: schöner Begleiter für andere Zwerggehölze und Schneeheide

Christrose
Helleborus niger

Höhe: 15–30 cm
Blütezeit: Dezember–März

Aussehen: locker horstartig wachsende Staude; Blüten weiß bis grünweiß, oft rosa überhaucht; Blätter fächerförmig zerteilt, lederartig, dunkelgrün bis bronzefarben
Pflanzen: ab Oktober mit 20–30 cm Abstand einsetzen
Pflegen: nur leicht feucht halten; Überwinterung draußen, ggf. Topf isolieren; nach der Blüte verwelkte Blätter entfernen; zu Austriebsbeginn düngen
Vermehren: entfällt bei Gefäßkultur
Gestalten: schön in Gesellschaft kleiner Skimmien und mit Zwergnadelgehölzen; gedeiht in saurer Erde weniger gut, deshalb mit Heiden oder Topfmyrte besser in getrennten Töpfen kombinieren

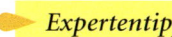 *Expertentipp*

Die Helleborus-Hybriden mit oft rosa oder roten Blüten blühen erst ab Februar.

Skimmie
Skimmia japonica

Höhe: 50–100 cm
Blütezeit: April–Mai

Aussehen: immergrüner, breitbuschig wachsender Zwergstrauch; Blüten klein, weißrosa, in dichten Rispen; Blätter groß, lorbeerähnlich; bei der reinen Art und manchen Sorten ab Herbst lange haftende rote, kugelige Früchte; andere Sorten, z. B. 'Rubella', sind hübsche Frühjahrsblüher mit weißrosa Blütenrispen
Pflanzen: im Frühjahr oder Herbst einsetzen, kleine Pflanzen in gemischten Kästen mit 25–30 cm Abstand
Pflegen: ab Frühsommer reichlich gießen; bis Mitte August alle 4 Wochen düngen; Überwinterung draußen, ggf. mit Winterschutz; nur störende Triebe wegschneiden
Vermehren: durch Stecklinge im Herbst
Gestalten: gut für Dauerbepflanzungen in Kästen und Schalen geeignet

---

Mäßig gießen
(etwa alle 2–3 Tage)

Wenig gießen
(nicht austrocknen lassen)

Kann Ampeln und Hängekörbe zieren

Enthält giftige oder hautreizende Stoffe

Kübelpflanzen und Topfgehölze

Schon im 17. Jahrhundert wurde es in Mitteleuropa zur gärtnerischen Leidenschaft: das Kultivieren fremdländischer Gehölze in Kübeln, also in großen Töpfen. So konnten Wärme liebende Gewächse – erst aus dem Mittelmeerraum, später aus aller Herren Länder – den Winter über an einen geschützten Platz gebracht und dadurch dauerhaft gehalten werden. Heute bietet sich uns eine gewaltige Vielfalt an aparten Kübelpflanzen, denen der Sommeraufenthalt draußen meist gut bekommt.

Ab Mitte Mai bis etwa Mitte Oktober können die meisten der Schönheiten aus Südeuropa, Südamerika, Asien, Afrika oder Ozeanien Terrasse und Balkon zieren. Viele davon stecken auch mal einen trüben oder kühlen Sommer recht gut weg. Doch anhaltende Temperaturen unter 0 °C vertragen die wenigsten Kübelpflanzen.

Langjährige Begleiter

Kübelpflanzen werden im Idealfall viele Jahre lang Ihr »grünes Wohnzimmer« schmücken. Die Anschaffung (siehe auch Seite 12/13) will deshalb gut überlegt sein:
● Prüfen Sie nicht nur, ob ein passender Sommerstandort zur Verfügung steht – auch ein geeigneter Überwinterungsplatz ist nötig, und dies fast ein halbes Jahr lang. Der muss in den meisten Fällen hell und kühl, aber frostfrei sein. Zum Glück gibt es einige Ausnahmen, wie sich den Porträts (Rubrik »Überwintern«) entnehmen lässt.
● Über die Jahre werden viele Pflanzen recht groß und breit; auch dann muss der Platz am Sommerstandort wie im Winterquartier noch reichen. Bevorzugen Sie für Balkone eher kompakte, langsam wachsende Arten. Ein Trost: Die Pflanzen lassen sich häufig einfach durch Stecklinge vermehren, so dass die Nachkommenschaft eine zu groß gewordene Schönheit ersetzen kann.
● Mit zunehmendem Wachstum werden auch die Kübel immer größer und schwerer. Das kann die Tragfähigkeit der Balkonkonstruktion stark belasten, zumindest aber zu einem gewaltigen Transportproblem werden.
Dies alles gilt weitgehend auch für Topfgehölze, nämlich für Sträucher, kleine Bäume oder Halbsträucher, die sonst in unseren Gärten gepflanzt werden. Sie bieten den Vorteil, dass sie mehr oder weniger frosthart sind. So können sie häufig ohne oder mit nur leichtem Winterschutz (vor allem Topfisolierung, siehe auch Seite 60/61) draußen bleiben. Voraussetzung dafür sind frostfeste Gefäße.

Klassiker im Kübel

Strauchmargerite
Argyranthemum frutescens

Höhe: 0,5–1,5 m
Blütezeit: Mai–Oktober

 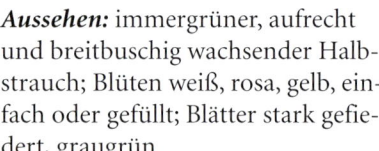

Aussehen: immergrüner, aufrecht und breitbuschig wachsender Halbstrauch; Blüten weiß, rosa, gelb, einfach oder gefüllt; Blätter stark gefiedert, graugrün
Pflegen: an heißen Tagen reichlich gießen; bis August wöchentlich düngen; braune Blätter entfernen; Verblühtes regelmäßig abschneiden oder nach dem ersten Hauptflor Triebe um 1/3 einkürzen
Überwintern: so hell wie möglich bei 4–8 °C, leicht feucht halten; notfalls dunkel, dann vorher um die Hälfte zurückschneiden und fast trocken halten
Vermehren: durch Stecklinge im Frühjahr
Gestalten: kompakte, niedrige Sorten eignen sich für Balkonkästen

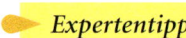 **Expertentipp**

Die Strauchmargerite blüht bei hellem Stand auch über Winter – besonders üppig im Wintergarten.

Engelstrompete
Brugmansia-Arten und -Hybriden

Höhe: bis 2,5 m
Blütezeit: Juli–September

Aussehen: strauch- bis baumartige, breitbuschig wachsende Pflanze; Blüten weiß, rosa, gelb, orange, rot, trichterförmig, hängend, 25–50 cm lang, abends mit intensivem Duft; Blätter groß, eiförmig bis länglich, sattgrün
Pflegen: sehr hoher Wasserbedarf; bis August wöchentlich düngen; Verblühtes und welke Blätter regelmäßig entfernen; braucht einen windgeschützten Standort
Überwintern: hell oder dunkel bei 4–12 °C, vor dem Einräumen zurückschneiden; in jedem Frühjahr umtopfen, wenn nötig auslichten
Vermehren: durch Stecklinge von Frühjahr bis Herbst
Gestalten: weiße Sorten wirken besonders edel

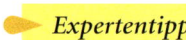 **Expertentipp**

Vorsicht, in allen Teilen hochgiftig, kann Hautreizungen und Kopfschmerzen (Duft) verursachen.

Kamelie
Camellia-Arten und -Hybriden

Höhe: bis 1,5 m
Blütezeit: Januar–April

Aussehen: immergrüner, buschiger Strauch mit teils überhängenden Trieben; Blüten weiß, rosa, rot, auch zweifarbig, bis 12 cm, einfach oder gefüllt; Blätter breit eiförmig, glänzend dunkelgrün
Pflegen: mäßig feucht halten (enthärtetes Wasser verwenden); wöchentlich Rhododendrondünger geben; ab Erscheinen der Knospen (etwa Ende Juli) Gießen reduzieren und Düngung einstellen
Überwintern: vor Frosteintritt hell stellen, bis zum Öffnen der Blüte kühl, während der Blüte bei etwa 15 °C halten, wenig gießen; bei Frühjahrstrockenheit wässern
Vermehren: durch Stecklinge im Sommer
Gestalten: im Sommer dekorative Blattschmuckpflanze; blüht am schönsten im Wintergarten

---

 Die Pflanze will es hell und weitgehend sonnig

 Die Pflanze gedeiht am besten im Halbschatten

 Die Pflanze gedeiht noch im Schatten

 Viel gießen (im Allgemeinen täglich)

Zitrusbäumchen
Citrus-Arten

Höhe: 0,5–1,5 m
Blütezeit: März–August

Aussehen: immergrüner Strauch oder Baum; Blüten weiß bis rosa, bei hellem Stand fast ganzjährig; Blätter ledrig, oval, dunkelgrün glänzend; gelbe oder orange Früchte
Pflegen: gleichmäßig feucht halten (enthärtetes Wasser!); bis August wöchentlich düngen; größere Pflanzen stützen
Überwintern: früh einräumen, hell bei 4–8 °C unterbringen, wenig gießen, häufig lüften; erst Ende Mai nach draußen stellen; Rückschnitt nur alle paar Jahre, falls erforderlich
Vermehren: durch Stecklinge im Frühjahr/Sommer (schwierig), auch durch Abmoosen
Gestalten: kann auch als Hochstämmchen gezogen werden

Oleander
Nerium oleander

Höhe: 1,5–2,5 m
Blütezeit: Juni–Oktober

Aussehen: immergrüner, breitbuschig wachsender Strauch mit lockerer Verzweigung; Blüten rosa, weiß, rot, gelb, einfach oder gefüllt, in Doldentrauben; Blätter lanzettlich, ledrig, dunkelgrün
Pflegen: reichlich gießen, Topfuntersetzer mit Wasser füllen; bis August wöchentlich düngen; benötigt einen regengeschützten Platz; häufig auf Schild- und Blattläuse kontrollieren
Überwintern: hell bei 4–8 °C, fast trocken halten, vorher kahle und zu lange Triebe wegschneiden
Vermehren: durch Stecklinge im Sommer, bewurzeln in Wasser gut
Gestalten: wo Platz ist, möglichst 2–3 Exemplare mit verschiedenen Blütenfarben zusammenstellen

Passionsblume
Passiflora caerulea

Höhe: 1–2 m
Blütezeit: April–Oktober

Aussehen: immergrüner Kletterstrauch mit rankenden Trieben; Blüten weiß mit violett-weiß-blauem Strahlenkranz, bei Sorten auch rötlich, bis 10 cm Durchmesser; Blätter gelappt, dunkelgrün, glänzend
Pflegen: an heißen Tagen reichlich gießen; bis August wöchentlich düngen; Triebe an Stäben oder Ringen im Topf oder an Klettergerüst hochleiten; möglichst geschützten Platz wählen
Überwintern: vor dem Einräumen lange Ranken zurückschneiden, hell bei 2–10 °C und fast trocken halten
Vermehren: über Stecklinge im Frühjahr oder Samen
Gestalten: aparte Blütenpflanze, die am schönsten in Einzelstellung wirkt

▶ *Expertentipp*

Recht pflegeleicht und schwachwüchsig ist die Calamondin-Orange (x Citrofortunella microcarpa).

▶ *Expertentipp*

Vorsicht, alle Pflanzenteile sind sehr giftig. In Haushalten mit Kleinkindern besser den Oleander meiden!

Mäßig gießen
(etwa alle 2–3 Tage)

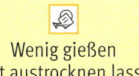
Wenig gießen
(nicht austrocknen lassen)

Kann Ampeln und Hängekörbe zieren

Enthält giftige oder hautreizende Stoffe

Stattliche Blüher mit exotischem Flair

Schmucklilie

Agapanthus-Hybriden, A. praecox

Höhe: bis 1,2 m
Blütezeit: Juli–August

Aussehen: teils immergrüne Staude mit breiten Blatthorsten und aufrechten Blütenstielen; Blüten blau, violett oder weiß, trichterförmig, sehr zahlreich in Dolden; Blätter riemenförmig, hellgrün
Pflegen: an heißen Tagen reichlich gießen, aber Staunässe vermeiden; bis August alle 1–2 Wochen düngen
Überwintern: mäßig hell bei 4–8 °C, immergrüne Formen leicht feucht halten, laubabwerfende fast trocken (Laub nach Absterben entfernen); selten umtopfen, in nur wenig größere Gefäße
Vermehren: durch Teilung der Pflanze im Frühjahr
Gestalten: wirkt nur harmonisch in breiten Kübeln

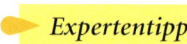 **Expertentipp**

Zu warme Überwinterung, stickstoffreiche Düngung und häufiges Umtopfen mindern die Blühfreude.

Bougainvillee

Bougainvillea glabra, B.-Hybriden

Höhe: 1–3 m
Blütezeit: April/Juni–September

Aussehen: sommergrüner Strauch, wächst aufrecht oder kletternd, mit langen, verholzenden und bedornten Trieben; Blüten weiß, klein, aber von auffälligen lila, weißen oder orangen Hochblättern umgeben; Blätter oval zugespitzt, sattgrün
Pflegen: an heißen Tagen reichlich gießen; bis August wöchentlich düngen; an stabilen Stäben im Topf oder an Rankgerüst hochziehen; vor dem Einräumen zurückschneiden
Überwintern: hell bei 8–12 °C
Vermehren: durch halbreife Stecklinge im Frühjahr (schwierig)
Gestalten: kann als Kletterpflanze mit Stützstäben strauchig oder als Hochstämmchen gezogen werden

Zylinderputzer

Callistemon citrinus

Höhe: 1–2,5 m
Blütezeit: Mai–Juli

Aussehen: immergrüner, buschig bis straff aufrecht wachsender, recht schnellwüchsiger Strauch; rote, lange Staubfäden, dicht gedrängt in flaschenbürstenartigen, aufrechten Blütenständen; Blätter lanzettlich, lang, ledrig, frischgrün
Pflegen: im Sommer reichlich gießen (kalkarmes Wasser verwenden!); alle 2 Wochen Rhododendrondünger geben; bei jüngeren Pflanzen Triebe für buschigen Wuchs des Öfteren einkürzen; in Rhododendronerde topfen
Überwintern: hell bei 5–10 °C, notfalls auch etwas dunkler
Vermehren: durch Stecklinge im Spätsommer, Jungpflanzen mehrmals entspitzen
Gestalten: sehr hübsch in blau oder weiß glasiertem Kübel und in Verbindung mit anderen mediterranen Kübelpflanzen

---

 Die Pflanze will es hell und weitgehend sonnig   Die Pflanze gedeiht am besten im Halbschatten   Die Pflanze gedeiht noch im Schatten   Viel gießen (im Allgemeinen täglich)

Enzianbaum
Lycianthes rantonnetii

Höhe: 1,5–2,5 m
Blütezeit: Juli–Oktober

Aussehen: sommergrüner Strauch, dichtbuschig mit teils überhängenden Trieben, auch kletternd, sehr wuchsfreudig; Blüten blauviolett mit gelbem Auge, zahlreich; Blätter lanzettlich, hellgrün
Pflegen: hoher Wasserbedarf; bis August wöchentlich düngen; junge Pflanzen öfter stutzen
Überwintern: vor dem Einräumen um die Hälfte zurückschneiden, dunkel bei 4–10 °C und fast trocken halten; im März umtopfen, heller und wärmer stellen
Vermehren: durch halbreife Stecklinge im Sommer
Gestalten: sehr reizvoll als Hochstämmchen mit gelb, rot oder weiß blühender Unterpflanzung

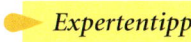 *Expertentipp*

Kürzen Sie die langen dünnen Peitschentriebe im Sommer ein, um einen kompakteren Wuchs zu erhalten.

Bleiwurz
Plumbago auriculata

Höhe: 0,5–2 m
Blütezeit: Juni–Oktober

Aussehen: immergrüner, locker buschig wachsender Strauch mit überhängenden, etwas brüchigen Trieben; Blüten hellblau, hellviolett, weiß, klein, in doldenartigen Ständen; Blätter klein, lanzettlich, hellgrün, unterseits hell bestäubt
Pflegen: bei Hitze reichlich gießen, aber Staunässe vermeiden; bis August alle 2 Wochen düngen; verwelkte Blüten entfernen; Triebe bei Bedarf stützen; gelegentlich auslichten; wind- und regengeschützt platzieren
Überwintern: hell bei 4–8 °C; notfalls dunkel, dann jedoch vor dem Einräumen stark einkürzen
Vermehren: durch Stecklinge im Spätsommer
Gestalten: sehr attraktiv als Hochstämmchen; junge Pflanzen auch für Ampeln und Balkonkästen

Gewürzrinde
Senna corymbosa

Höhe: 1–2,5 m
Blütezeit: Juni–Oktober

Aussehen: immergrüner, aufrecht wachsender, verzweigter Strauch; Blüten gelb, sehr zahlreich in Doldentrauben; Blätter unpaarig gefiedert, lang, lanzettlich, frischgrün
Pflegen: gut feucht halten, aber nicht vernässen; bis August wöchentlich düngen; Verblühtes entfernen
Überwintern: nicht zu früh einräumen, verträgt leichten Frost; hell bei 2–5 °C unterbringen; notfalls – nach Rückschnitt vor dem Einräumen – auch dunkel, dann nach Blattabwurf fast trocken halten
Vermehren: durch Stecklinge
Gestalten: lässt sich auch als Hochstämmchen ziehen, wirkt dann aber oft etwas sparrig; besser untere Seitentriebe belassen

---

Mäßig gießen
(etwa alle 2–3 Tage)

Wenig gießen
(nicht austrocknen lassen)

Kann Ampeln und
Hängekörbe zieren

Enthält giftige oder
hautreizende Stoffe

Imposanter Blattschmuck

Zierbanane
Ensete ventricosum

Höhe: 2–3 m
Blütezeit: blüht im Kübel kaum

Aussehen: immergrüne Großstaude, wächst palmenartig mit hohlem Scheinstamm; Blätter bis 3 m lang, breit oval, dunkelgrün, teils mit rötlicher Mittelrippe
Pflegen: gleichmäßig feucht, aber nicht nass halten; bis August wöchentlich düngen; windgeschützten Standort wählen
Überwintern: so hell wie möglich bei 10–15 °C; bei lichtärmerem Stand vor dem Einräumen bis auf Herzblätter zurückschneiden, bei 10 °C halten, wenig gießen und auf gar keinen Fall ins »Herz«
Vermehren: durch Samen ab Januar–April, langwierig
Gestalten: sehr eindrucksvolle Blattschmuckpflanze, braucht aber viel Platz; auf der Terrasse hübsch mit Engelstrompete oder Palmen

Lorbeerbaum
Laurus nobilis

Höhe: 1–2 m
Blütezeit: April–Mai

Aussehen: immergrüner Baum oder Strauch, langsam wachsend; Blüten grünlich gelb, unauffällig, nur an ungeschnittenen Pflanzen; Blätter elliptisch, ledrig, dunkelgrün glänzend
Pflegen: gleichmäßig feucht halten; bis August alle 1–2 Wochen düngen
Überwintern: spät einräumen, verträgt etwas Frost; hell, notfalls auch dunkel, bei 0–6 °C halten, wenig gießen; kann schon Mitte April wieder nach draußen
Vermehren: durch Stecklinge (Anzucht langwierig)
Gestalten: eignet sich für Formschnitt; dazu nicht scheren, sondern die Triebe im Spätsommer oder Frühjahr einzeln einkürzen

 Expertentipp

Die Blätter des Lorbeerbaums können Sie den ganzen Sommer als Würze für die Küche ernten.

Kanarische Dattelpalme
Phoenix canariensis

Höhe: 1–3 m
Blütezeit: blüht im Kübel kaum

Aussehen: immergrüner Schopfbaum mit kräftigem Stamm und ausladendem Wuchs; dekorative große, fiederartige Palmwedel mit schmalen Blattabschnitten
Pflegen: Staunässe ebenso wie Ballentrockenheit (verursacht braune Spitzen) unbedingt vermeiden; bis August alle 2–3 Wochen düngen; vertrocknete Wedel abschneiden
Überwintern: hell bei 5–10 °C, fast trocken halten; beim Ausräumen im Mai zunächst beschattet stellen, erst nach etwa 2 Wochen vollsonnig
Vermehren: durch Aussaat im Frühjahr, langwierig
Gestalten: wirkt und wächst nur harmonisch in entsprechend breitem Kübel, am besten als Blickfang einzeln aufstellen

---

 Die Pflanze will es hell und weitgehend sonnig

 Die Pflanze gedeiht am besten im Halbschatten

 Die Pflanze gedeiht noch im Schatten

 Viel gießen (im Allgemeinen täglich)

Bambus
Phyllostachys, Fargesia u. a.

Höhe: 1–3 m
Blütezeit: blüht selten

Aussehen: immergrüne, verholzende Gräser von aufrechtem bis breit buschigem Wuchs; Blätter meist groß, lanzettlich, hellgrün; oft zierend gefärbte Halme
Pflegen: gleichmäßig gut feucht halten, doch Staunässe vermeiden; bis August alle 4 Wochen düngen; für windgeschützten Standort sorgen
Überwintern: hell bei 5–10 °C, wenig gießen, aber für hohe Luftfeuchtigkeit sorgen; im Frühjahr ältere Halme herausschneiden
Vermehren: durch Teilung im Frühjahr
Gestalten: Kamelien, Rhododendren oder Hortensien als Nachbarn ergeben ein reizvolles Ensemble mit ostasiatischem Flair

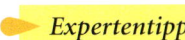 **Expertentipp**

Topfen Sie die Pflanzen alle 2–4 Jahre im Frühjahr in möglichst breite Kübel um.

Hanfpalme
Trachycarpus fortunei

Höhe: 1,5–4 m
Blütezeit: Juni–Juli

Aussehen: immergrüner Schopfbaum, der mit der Zeit breit ausladend wird; Blüten grünlich oder gelb in Rispen, jedoch nur bei älteren Pflanzen; Blätter über 50 cm lang, fächerartig unterteilt, glänzend grün
Pflegen: mäßig feucht halten; bis August alle 3–4 Wochen düngen
Überwintern: verträgt etwas Frost, spät einräumen, zuvor braune Wedel unten abschneiden; dunkel und bei 0–8 °C halten oder an hellem Platz als Zimmerpflanze, wenig gießen; nach dem Ausräumen Mitte April zunächst schattig stellen
Vermehren: durch Aussaat, jedoch sehr langwierig
Gestalten: sehr attraktive, langsam wachsende Palme

 **Expertentipp**

Junge Hanfpalmen sollten am besten halbschattig stehen, ältere Exemplare dagegen sonnig.

Palmlilie
Yucca aloifolia, Y. elephantipes

Höhe: 1–4 m
Blütezeit: August–September

Aussehen: immergrüner Schopfbaum mit straff aufrechtem Wuchs und schlankem Stamm; Blüten cremeweiß in Rispen an einem langen Schaft, jedoch nur bei älteren Pflanzen; Blätter lang, schwertförmig, dunkelgrün, mit bedornten Spitzen
Pflegen: mäßig feucht halten; bis August alle 4 Wochen düngen; braune Blätter abschneiden; zu groß gewordene Exemplare treiben nach Rückschnitt (Absägen) neu aus
Überwintern: hell bei 5–10 °C, fast trocken halten
Vermehren: durch Kopf- oder Stammstecklinge (Triebstücke) im Sommer, Stecklinge schattig stellen
Gestalten: für südamerikanische oder mediterrane Arrangements

Expertentipp

Beim Einkürzen abgesägte Stammteile lassen sich gut als Stecklinge verwenden.

 Mäßig gießen
(etwa alle 2–3 Tage)

 Wenig gießen
(nicht austrocknen lassen)

 Kann Ampeln und Hängekörbe zieren

 Enthält giftige oder hautreizende Stoffe

Kompakte Schönheiten

Schönmalve

Abutilon-Arten und -Hybriden

Höhe: 1–3 m
Blütezeit: April–Oktober

Aussehen: teils immergrüner Strauch mit aufrechtem, sparrig verzweigtem Wuchs; große Blütenkelche, gelb, orange, rot, rosa oder weiß, blüht bei hellem Stand ganzjährig; Blätter groß, ahornähnlich gelappt, hellgrün
Pflegen: im Sommer gut feucht halten; bis August alle 1–2 Wochen düngen; Verblühtes entfernen; möglichst wind- und regengeschützt und nicht in praller Sonne aufstellen
Überwintern: hell bei 5–10 °C
Vermehren: durch Stecklinge oder Aussaat im Frühjahr, Jungpflanzen mehrmals entspitzen
Gestalten: schön auch als Hochstämmchen; manche Arten und Sorten haben dekorativ gelb oder weiß gefleckte Blätter

Rosetten-Dickblatt

Aeonium arboreum

Höhe: bis 1 m
Blütezeit: Januar–Februar

Aussehen: immergrüne Sukkulente mit baumartig verzweigtem Wuchs; Blüten gelb, in großen Blütenständen, selten, nur an älteren Exemplaren; dickfleischige grüne Blattrosetten, bei der Sorte 'Atropurpureum' braun- bis schwarzrot
Pflegen: nur gießen, wenn oberste Erdschicht abgetrocknet ist; bis August alle 2 Wochen mit Kakteendünger düngen
Überwintern: hell bei 10–12 °C, fast trocken halten; notfalls an hellem Platz warm als Zimmerpflanze
Vermehren: über Kopfstecklinge (ganze Rosetten mit Stammstück)
Gestalten: sehr attraktiv in Terrakotta- oder blau glasierten Töpfen

 **Gute Partner**

Buschige Sommerblumen wie Tagetes oder Vanilleblume als Nachbarn in getrennten Töpfen

Indisches Blumenrohr

Canna-Indica-Hybriden

Höhe: 0,3–1,5 m
Blütezeit: Juni–Oktober

Aussehen: nicht winterharte Staude von aufrechtem Wuchs; Blüten rot, orange, rosa, gelb, weiß, auch zweifarbig, um 10 cm lang; Blätter groß, aufrecht, frisch- oder blaugrün, rötlich oder bronze, in breiter Rosette
Pflegen: im Sommer reichlich gießen; bis August wöchentlich düngen; Verblühtes entfernen
Überwintern: Triebe nach dem ersten Frost auf Handbreite zurückschneiden, die knolligen Rhizome herausnehmen, abtrocknen lassen, in Torf oder Sand legen, dunkel bei 5–10 °C aufbewahren; im März einpflanzen, warm und hell aufstellen
Vermehren: durch Teilung der Rhizome im Frühjahr
Gestalten: sehr attraktiv in Kombination verschiedener Blüten- und Blattfarben; niedrige Sorten eignen sich auch für große Schalen

---

☀ Die Pflanze will es hell und weitgehend sonnig

◑ Die Pflanze gedeiht am besten im Halbschatten

● Die Pflanze gedeiht noch im Schatten

🜄 Viel gießen (im Allgemeinen täglich)

Chinesischer Roseneibisch
Hibiscus rosa-sinensis

Höhe: 1–2 m
Blütezeit: März–Oktober

 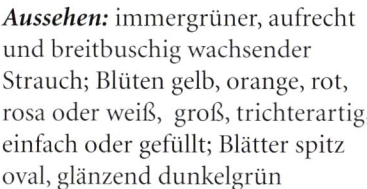

Aussehen: immergrüner, aufrecht und breitbuschig wachsender Strauch; Blüten gelb, orange, rot, rosa oder weiß, groß, trichterartig, einfach oder gefüllt; Blätter spitz oval, glänzend dunkelgrün
Pflegen: feucht, aber nicht nass halten; bis August wöchentlich düngen; Verblühtes entfernen; Hochstämmchen stützen; möglichst nicht in praller Sonne, wind- und regengeschützt platzieren
Überwintern: hell bei 12–16 °C, zurückhaltend gießen; ältere Exemplare im Frühjahr etwa um die Hälfte zurückschneiden
Vermehren: durch Stecklinge im Mai
Gestalten: als Busch wie als Hochstämmchen sehr ansprechend

Hortensie
Hydrangea macrophylla

Höhe: 0,5–1,5 m
Blütezeit: Mai–Juli

Aussehen: sommergrüner, aufrecht und breitbuschig wachsender Strauch; Blüten rosa, rot, blau, weiß, in bis zu 20 cm großen Dolden; Blätter groß, oval zugespitzt, hell- bis dunkelgrün
Pflegen: reichlich gießen (enthärtetes Wasser verwenden!); bis August alle 2 Wochen Rhododendrondünger geben; Verblühtes regelmäßig entfernen
Überwintern: verträgt etwas Frost; hell oder dunkel bei 2–8 °C halten, Ballen nicht ganz austrocknen lassen; im Frühjahr umtopfen (Rhododendronerde) und heller stellen
Vermehren: durch Stecklinge im Frühsommer
Gestalten: sehr schöne Bereicherung für halbschattige Plätze

Brautmyrte
Myrtus communis

Höhe: 0,5–1,5 m
Blütezeit: Juni–Oktober

Aussehen: immergrüner, dichtbuschig verzweigter Strauch; Blüten weiß, klein, sternförmig, duftend; Blätter klein, lanzettlich, ledrig, kräftig dunkelgrün, beim Zerreiben aromatisch duftend; zuweilen blauschwarze Beeren
Pflegen: gleichmäßig feucht halten, Trockenheit wie Staunässe unbedingt vermeiden, kalkarmes Wasser verwenden; bis August wöchentlich düngen (Rhododendrondünger); in leicht saures Substrat topfen; junge Pflanzen häufig entspitzen
Überwintern: hell bei 5–10 °C
Vermehren: durch Stecklinge im Spätsommer oder Frühjahr
Gestalten: verbreitet in Grüppchen mit Oleander und Zitrusbäumchen mediterranes Flair

👉 **Expertentipp**

Der Roseneibisch sollte möglichst selten umgestellt werden, denn das führt oft zu Knospenabwurf.

 Mäßig gießen (etwa alle 2–3 Tage)

 Wenig gießen (nicht austrocknen lassen)

 Kann Ampeln und Hängekörbe zieren

 Enthält giftige oder hautreizende Stoffe

Recht robuste Kübelzierden

Aukube
Aucuba japonica

Höhe: 0,5–1,5 m
Blütezeit: März–April

Aussehen: immergrüner, aufrechter, breitbuschiger Strauch; Blüten rötlich, in Rispen, unauffällig; Blätter bis 20 cm lang, eiförmig zugespitzt, glänzend, grün-gelb gefleckt oder gepunktet; teils leuchtend rote (giftige) Beeren
Pflegen: gut feucht halten; bis August alle 4 Wochen düngen; möglichst regengeschützter Platz
Überwintern: verträgt etwas Frost, spät einräumen; hell und gerade frostfrei stellen, wenig gießen; ab April wieder ausräumen
Vermehren: durch halbreife Stecklinge im Frühjahr und Sommer
Gestalten: zählt zu den attraktivsten Blattschmuckpflanzen

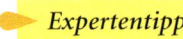
Expertentipp

Nach einer zu warmen Überwinterung treten häufig Blattfleckenkrankheiten auf.

Zwergpalme
Chamaerops humilis

Höhe: 1–3 m
Blütezeit: März–Juni

Aussehen: immergrüner Schopfbaum mit kompaktem, strauchartigem, mehrstämmigem Wuchs; Blüten gelbgrün, rispenartig (nur bei älteren Exemplaren); fächerartige, über 50 cm breite, blaugrüne Wedel
Pflegen: gleichmäßig feucht halten; bis August wöchentlich düngen; möglichst regengeschützter Platz
Überwintern: erst einräumen, wenn Fröste drohen; hell oder notfalls dunkel bei etwa 5 °C halten, an sehr hellem Platz auch etwas wärmer, wenig gießen
Vermehren: durch Teilung im Frühjahr
Gestalten: sehr schöne Kübelpalme für mediterrane Gestaltungen, langsam wachsend

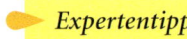
Expertentipp

Die Stiele der Zwergpalme sind dornig, wickeln Sie die Pflanze daher beim Transport am besten ein.

Korallenstrauch
Erythrina crista-galli

Höhe: 1–2 m
Blütezeit: Juli–September

Aussehen: sommergrüner, aufrechter und locker buschig wachsender Strauch mit dickem Stamm und unzähligen, oft dornigen Trieben; Blüten kräftig korallenrot, in langen Trauben; Blätter länglich oval, ledrig, dunkelgrün
Pflegen: hoher Wasserbedarf; bis August alle 2 Wochen düngen
Überwintern: dunkel bei 5–8 °C, vor dem Einräumen die eintrocknenden Triebe dicht am Stamm oder auf 4 Augen zurückschneiden; im Frühjahr ab dem Neuaustrieb heller und wärmer stellen, gießen
Vermehren: durch Stecklinge oder Aussaat im Frühjahr
Gestalten: kommt besonders gut vor einer weißen Wand oder in Nachbarschaft gelber Sommerblumen zur Geltung

---

 Die Pflanze will es hell und weitgehend sonnig

 Die Pflanze gedeiht am besten im Halbschatten

 Die Pflanze gedeiht noch im Schatten

 Viel gießen (im Allgemeinen täglich)

Echte Feige
Ficus carica

Höhe: 1–2,5 m
Blütezeit: (Mai–)September

Aussehen: sommergrüner Strauch oder kurzstämmiger Baum; Blüten im Innern kleiner »Krüge«, aus denen sich unter günstigen Bedingungen Früchte entwickeln; Blätter groß, ledrig, handförmig gelappt, kräftig grün
Pflegen: bei Hitze reichlich gießen; bis August wöchentlich düngen
Überwintern: verträgt etwas Frost, spät einräumen; hell, notfalls dunkel, bei 2–8 °C, wenig gießen; ab April ausräumen
Vermehren: durch Stecklinge im Frühjahr
Gestalten: sehr ansehnliche Blattschmuckpflanze mit mediterranem Charme

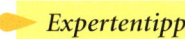 **Expertentipp**

Stellen Sie Feigen beim Ausräumen die ersten 1–2 Wochen leicht beschattet auf, erst dann in die volle Sonne.

Wandelröschen
Lantana camara

Höhe: 0,3–1,5 m
Blütezeit: Juni–Oktober

Aussehen: immergrüner, buschiger Strauch mit teils überhängenden Trieben; zahlreiche kleine Blüten in Köpfchendolden, »wandeln« meist ihre Farbe, z. B. von Rosa nach Rot oder Gelb nach Orange, auch weiße und violette Töne; Blätter eiförmig, runzelig, dunkelgrün
Pflegen: gleichmäßig feucht halten, bis August alle 2 Wochen düngen; Verblühtes und grüne Beeren regelmäßig entfernen
Überwintern: hell bei 6–10 °C, nach Rückschnitt im Herbst auch dunkel, dann fast trocken halten; Triebe vor dem Einräumen oder im Frühjahr um die Hälfte zurückschneiden
Vermehren: durch Stecklinge im Frühjahr
Gestalten: sehr schön als Hochstämmchen; kleine Formen bzw. junge Pflanzen eignen sich auch gut für gemischte Balkonkästen

Neuseeländer Flachs
Phormium tenax

Höhe: 1–1,5 m
Blütezeit: August–September

Aussehen: immergrüne, horstartig wachsende Staude; rötliche Blütenrispen, nur an älteren Exemplaren; Blätter lang, schmal, schwertförmig, je nach Sorte grün, rötlich, gelb oder weiß gestreift, anfangs straff aufrecht, mit den Jahren überhängend
Pflegen: am sonnigen Platz reichlich, sonst mäßig gießen; bis August wöchentlich düngen
Überwintern: verträgt leichten Frost, spät einräumen; hell oder dunkel bei 4–10 °C halten, wenig gießen; vertrocknete Blätter regelmäßig entfernen
Vermehren: durch Teilung im Frühjahr
Gestalten: attraktive Blattschmuckpflanze; sehr ansprechend in viereckigen Terrakottatöpfen; in großem Kübel mit Sommerblumen oder Efeu unterpflanzen

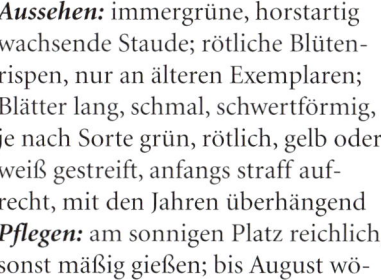

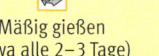
Mäßig gießen
(etwa alle 2–3 Tage)

Wenig gießen
(nicht austrocknen lassen)

Kann Ampeln und
Hängekörbe zieren

Enthält giftige oder
hautreizende Stoffe

Attraktive Topfgehölze

Buchs
Buxus sempervirens 'Suffruticosa'

Höhe: 0,3–1 m
Blütezeit: April–Mai

Aussehen: immergrüner, dichtbuschiger Kleinstrauch; Blüten klein, grünlich, duftend; eiförmige, glänzende, dunkelgrüne Blättchen
Pflegen: mäßig feucht halten; bis Mitte August alle 4 Wochen düngen; Formschnitt am besten Ende Mai und im August
Überwintern: draußen, bei starken Frösten mit Winterschutz an frostfreien Tagen mit handwarmem Wasser gießen, wenn die Topferde sehr trocken ist
Vermehren: durch Stecklinge im Frühsommer
Gestalten: kann fast beliebig geformt werden; attraktiv sind runde Buchskugeln in Ton- oder Terrakottatöpfen, besonders hübsch als »Pärchen« links und rechts einer Tür

Schlingknöterich
Fallopia baldschuanica

Höhe: 3–6 m
Blütezeit: Juli–Oktober

Aussehen: sommergrüne, schnellwüchsige Schlingpflanze; Blüten weiß bis zartrosa, klein, in langen Rispen, duftend; Blätter herzförmig, dunkelgrün
Pflegen: im Sommer reichlich gießen; bis August alle 2 Wochen düngen; stabile Kletterhilfe nötig; radikaler Rückschnitt möglich und alle 3–5 Jahre empfehlenswert
Überwintern: draußen, mit Winterschutz
Vermehren: durch Stecklinge, Schnitt kurz vor der Blüte
Gestalten: begrünt durch üppigen Wuchs und Seitentriebbildung auch größere Flächen und sorgt rasch für Sichtschutz; durch reichen, luftig wirkenden Flor sehr ansehnlich

Zierkirsche
Prunus serrulata, P. subhirtella

Höhe: 1,5–3 m
Blütezeit: März–April/Mai

Aussehen: sommergrüner Strauch oder Baum mit schlankem bis breit ausladendem Wuchs; Blüten weiß, hell- oder dunkelrosa, einfach oder gefüllt; Blätter oval, dunkelgrün
Pflegen: mäßig feucht halten; im Frühjahr Langzeitdünger geben; aus der Veredlungsunterlage wachsende Wildtriebe entfernen; bei Bedarf nach der Blüte zurückschneiden
Überwintern: draußen, in rauen Lagen mit Winterschutz
Vermehren: entfällt, meist veredelt
Gestalten: wunderschön als Hochstämmchen, unterpflanzt mit Frühjahrszwiebelblumen; oftmals mit prächtiger Färbung des Herbstlaubs

 Expertentipp

Vorsicht, der Schlingknöterich kann Regenrinnen und Fallrohre schädigen; diese regelmäßig freischneiden.

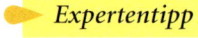 *Expertentipp*

Achten Sie auf schwachwüchsige, möglichst für Topfkultur ausgewiesene Zierkirschen-Sorten.

Die Pflanze will es hell
und weitgehend sonnig

Die Pflanze gedeiht am
besten im Halbschatten

Die Pflanze gedeiht
noch im Schatten

Viel gießen
(im Allgemeinen täglich)

Rhododendron, Azalee
Rhododendron-Arten und -Hybriden

Höhe: 0,5–1 m
Blütezeit: je nach Sorte April–Juni

Aussehen: immergrüner, breitbuschiger Strauch; Blüten rot, rosa, lila, weiß oder gelb, in doldenartigen Trauben; Blätter dunkelgrün glänzend, derb
Pflegen: im Frühjahr/Sommer reichlich gießen, sonst nur leicht feucht halten (enthärtetes Wasser!); von April–Juni alle 3–4 Wochen Rhododendrondünger geben; verwelkte Blütenstände ausbrechen; in Rhododendronerde pflanzen; windgeschützt aufstellen
Überwintern: draußen mit Winterschutz
Vermehren: entfällt bei Kübelkultur
Gestalten: kleine 'Diamant'-Azaleen für Kästen, größere Formen einzeln in breite Töpfe setzen

▸ *Expertentipp*

Rhododendron mag keine pralle Sonne, platzieren Sie ihn daher bevorzugt im Halbschatten.

Rose
Rosa in Sorten

Höhe: 0,3–1,5 m
Blütezeit: Juni–Oktober

Aussehen: sommergrüner Strauch mit buschigem oder kriechend bis hängendem Wuchs; Blüten alle Farben außer Blau, meist gefüllt, teils duftend; Blätter unpaarig gefiedert, dunkelgrün
Pflegen: mäßig feucht halten; im Frühjahr Langzeitdünger geben oder bis Ende Juli wöchentlich düngen; verwelkte Blütenstände regelmäßig wegschneiden
Überwintern: draußen mit gutem Schutz, in rauen Lagen besser frostfrei und hell, notfalls dunkel; im Frühjahr zurückschneiden
Vermehren: entfällt, da veredelt
Gestalten: für Kübel niedrige Beet-, Hochstamm- oder Bodendeckerrosen verwenden; Zwergrosen auch mit 25 cm Abstand in Kästen

▸ *Expertentipp*

Nicht direkt vor eine helle Südwand stellen, hier droht Hitzestau und erhöhter Schädlingsbefall.

Weitere attraktive Topfgehölze

Name	Höhe Standort	Farbe/Zierde Blütezeit
Blütengehölze		
Bartblume (*Caryopteris* x *clandonensis*)	50–100 cm sonnig	blau, blauviolett August–Oktober
Ginster, Geißklee (*Genista, Cytisus*)	30–60 cm sonnig	gelb April–Juli
Lavendel (*Lavandula angustifolia*)	30–90 cm sonnig	blau, violett, weiß Juni–August
Fingerstrauch (*Potentilla fruticosa*)	60–100 cm sonnig	gelb, weiß, rosa Juni–Oktober
Hängekätzchenweide (*Salix caprea* 'Pendula')	bis 1,5 m sonnig bis halbschattig	gelb, silbrig März–April
Herbstflieder (*Syringa microphylla*)	bis 2 m sonnig	rosa Juni–September
Gehölze mit Blatt- oder Fruchtschmuck		
Heckenkirsche (*Lonicera nitida, L. pileata*)	bis 80 cm sonnig bis halbschattig	immergrün, purpurne bzw. violette Beeren
Kirschlorbeer (*Prunus laurocerasus*)	1–1,5 m sonnig bis schattig	glänzende Blätter, immergrün, weiße Blüten
Feuerdorn (*Pyracantha*-Hybriden)	bis 2 m sonnig bis halbschattig	wintergrün, gelbe oder orange Früchte
Klettergehölze		
Waldrebe (*Clematis*-Hybriden)	bis 3 m sonnig bis halbschattig	viele Farben je nach Sorte Früh- oder Spätsommer
Wilder Wein (*Parthenocissus*-Arten)	bis 6 m sonnig bis halbschattig	rotes Herbstlaub, schwarzblaue Beeren
Winterjasmin (*Jasminum nudiflorum*)	1–3 m sonnig bis halbschattig	gelb Januar–März

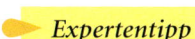
Mäßig gießen (etwa alle 2–3 Tage)

Wenig gießen (nicht austrocknen lassen)

Kann Ampeln und Hängekörbe zieren

Enthält giftige oder hautreizende Stoffe

Zwergnadelgehölze: die Dauergrünen

Balsamtanne
Abies balsamea 'Nana'

Höhe/Breite: 30–40 cm/40–60 cm
Wuchs: flachkugelig, breit

Nadeln: oben dunkelgrün, unten zwei weiße Streifen, bis 1,5 cm lang, dicht stehend, leicht duftend
Pflegen: mäßig feucht halten; im Frühjahr Langzeitdünger geben, im Juni/Juli nachdüngen; hitzeempfindlich, nicht vor helle Südwand stellen
Überwintern: draußen; Gefäße, wenn nötig, isolieren
Gestalten: schön für Tröge, breite Kübel oder große Schalen
Weitere Sorten: Zwerg-Korktanne, *Abies lasiocarpa* 'Compacta', kegelförmig, 60 cm, blaugrün; für Trogbepflanzung

Zwerg-Fadenzypresse
Chamaecyparis pisifera 'Filifera'

Höhe/Breite: 30–40 cm/30–40 cm
Wuchs: kegelförmig

Nadeln: dicht stehend, an fadenförmigen, überhängenden Zweiglein, bei 'Filifera Aurea Nana' (Bild) goldgelb gefärbt
Pflegen: gleichmäßig feucht halten; im Frühjahr Langzeitdünger geben, im Juni/Juli nachdüngen
Überwintern: draußen; Gefäße, wenn nötig, isolieren
Gestalten: für Tröge, als junge Pflanze auch für gemischte Winterkästen
Weitere Sorten: *Chamaecyparis lawsoniana* 'Ellwoodii' (kegelförmig, aufrecht), 'Minima Glauca' (rundlich, blaugrün), *Chamaecyparis obtusa* 'Nana gracilis' (kegelförmig)

Zwerg-Wacholder
Juniperus squamata 'Blue Star'

Höhe/Breite: 20–40 cm/50–60 cm
Wuchs: breitrund, stark verzweigt

Nadeln: silbrig blau, dicht stehend und sehr fein, spitz
Pflegen: gleichmäßig feucht halten; im Frühjahr Langzeitdünger geben, im Juni/Juli nachdüngen
Überwintern: draußen; Gefäße, wenn nötig, isolieren
Gestalten: für Tröge und breite Kübel, jung in gemischten Winterkästen; hübsche Kulisse für rote, rosa und gelbe Blüten
Weitere Sorten: *Juniperus chinensis* 'Plumosa Aurea' (gelb, buschig); *Juniperus communis* 'Meyer' (silbrig grün, säulenförmig), 'Repanda' (silbrig grün, polsterartig breit)

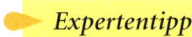 **Expertentipp**

Düngen Sie alle Nadelgehölze am besten mit einem speziellen Koniferendünger.

 Gute Partner

Im Winter rote Schneeheide, im Sommer schön neben Topfrosen und zwischen blühenden Kübelpflanzen

 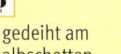

Zuckerhut-Fichte
Picea glauca 'Conica'

Höhe/Breite: 30–50 cm/20–40 cm
Wuchs: kegelförmig

Nadeln: bläulich grün, bis 1 cm lang, locker beisammen stehend
Pflegen: bei Hitze reichlich gießen; im Frühjahr Langzeitdünger geben, im Juni/Juli nachdüngen
Überwintern: draußen; Gefäße, wenn nötig, isolieren
Gestalten: für Tröge oder gemischte Kästen
Weitere Sorten: Picea abies 'Little Gem' (grün, halbkugelig); *Picea glauca* 'Echiniformis' (blaugrün, flach kugelig); *Picea omorika* 'Nana' (grün, kegelförmig); *Picea pungens* 'Glauca Globosa' (silbrig blau, flachkugelig)

Zwerg-Kiefer
Pinus mugo-Sorten

Höhe/Breite: 20–40 cm/40–60 cm
Wuchs: halbkugelig bis kugelig

Nadeln: dunkelgrün, bis 4 cm lang, in Büscheln
Pflegen: gleichmäßig feucht halten; im Frühjahr Langzeitdünger geben, im Juni/Juli nachdüngen
Überwintern: draußen; Gefäße, wenn nötig, isolieren
Gestalten: für Tröge oder Kästen; schön auch als Begleiter mediterraner Kübelpflanzen
Weitere Sorten: Pinus densiflora 'Kobold' (grün, kugelig); *Pinus mugo* 'Humpy' (siehe Bild), 'Gnom', 'Mops', 'Mini Mops', 'Pumilio'; *Pinus pumila* 'Glauca' (blaugrün, breitbuschig)

Zwerg-Lebensbaum
Thuja occidentalis 'Danica'

Höhe/Breite: 20–40 cm/20–40 cm
Wuchs: kugelig

Nadeln: frischgrün, im Winter leicht bräunlich grün, schuppenartig zusammenstehend
Pflegen: gleichmäßig feucht halten; im Frühjahr Langzeitdünger geben, im Juni/Juli nachdüngen; möglichst regengeschützt aufstellen
Überwintern: draußen; Gefäße, wenn nötig, isolieren
Gestalten: für Winterkästen, große Schalen und Töpfe
Weitere Sorten: Thuja occidentalis 'Recurva Nana' (grün, breitkugelig), 'Rheingold' (gelb, kegelförmig), 'Sunkist' (gelb, kegelförmig), 'Tiny Tim' (grün, kugelig)

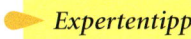 *Expertentipp*

Leicht beschatteter Stand vorteilhaft; nicht vor helle, heiße Südwand stellen (erhöhte Spinnmilbengefahr).

 Expertentipp

Gelbnadelige Sorten eignen sich gut, um Winterbepflanzungen aufzuhellen.

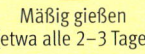 Mäßig gießen (etwa alle 2–3 Tage)
 Wenig gießen (nicht austrocknen lassen)
 Kann Ampeln und Hängekörbe zieren
 Enthält giftige oder hautreizende Stoffe

Kräuter, Gemüse, Obst

Aromatische Kräuter, saftige Tomaten, knackige Äpfel – von Balkon oder Terrasse frisch auf den Tisch: Wer solche Gaumenfreuden einmal genossen hat, der kommt leicht auf den Geschmack. Tatsächlich gedeihen viele Nutzpflanzen recht gut im Kübel oder Balkonkasten. Die Ernten können freilich keine Vorratslager füllen. Doch den Bedarf an frischen Kräutern können Sie mit einem kleinen Topfgärtchen durchaus decken, und schon ein wenig Balkongemüse liefert manch leckere Mahlzeit.

Über zwei Dinge muss man sich beim Anbau von Nutzpflanzen auch auf dem Balkon oder der Terrasse im Klaren sein:
● Fast alle Kräuter, Gemüse- und Obstarten brauchen Sonne, um wohl schmeckendes Erntegut zu liefern.
● Regelmäßige und sorgfältige Pflege ist hier noch wichtiger als bei Zierpflanzen. Größere Nachlässigkeiten bringen einen nicht selten um das ganze Erntevergnügen.

Erntespaß für Einsteiger

Recht unproblematisch ist im Allgemeinen die Kultur von Kräutern. Sie kommen mit relativ wenig Erde und Düngung aus und sind bescheiden in ihren Platzansprüchen. Einjährige Kräuter werden häufig in praktischen Saatscheiben angeboten, die man einfach in den Topf oder Balkonkasten legt, leicht mit Erde abdeckt und bis zur Keimung gut feucht hält.

Auch die meisten Gemüse, die auf Seite 118–119 vorgestellt werden, bereiten im Anbau kaum Schwierigkeiten, wenn man ihre Ansprüche beachtet. Für Gemüse-Einsteiger empfiehlt sich der Kauf vorgezogener Pflanzen, sofern nicht, wie etwa bei Radieschen, direkt ins Gefäß gesät wird. Für hoch wachsende Tomaten, Zucchini und andere größer werdende Arten sind recht geräumige Kübel mit genügend Erdinhalt nötig.

Das gilt erst recht für Obstgehölze. Das zunehmende Angebot kleinwüchsiger Obstformen macht nicht nur die Kübelkultur vieler Arten möglich, sondern auch die Pflege einfacher. Manche Zwergformen kommen ganz ohne Schnitt aus, Säulenformen mit wenig Schnittmaßnahmen. Lassen Sie sich das gleich beim Kauf möglichst genau erläutern. Ansonsten empfehle ich Ihnen für den Schnitt die Beratung durch erfahrene Gärtner, da sich hier das Vorgehen je nach Art, Erziehungsform und Alter der Gehölze stark unterscheidet.

Beliebte und bewährte Küchenkräuter

Schnittlauch
Allium schoenoprasum

Höhe: 20–30 cm
Erntezeit: Frühjahr–Herbst

Aussehen: mehrjähriges Würzkraut, das dichte Horste aus röhrenförmigen, dunkelgrünen Blättern bildet; ab Juni erscheinen hellviolette Blütendolden an kräftigen Schäften
Anziehen: Aussaat im März–April, Sämlinge dann büschelweise (10–20 Pflänzchen) in Töpfe oder Kästen pflanzen; ab April nach draußen stellen, bei Frost abdecken
Pflegen: gleichmäßig gut feucht halten; bis August alle 2 Wochen düngen; wenn mehr Blattentwicklung gewünscht, Blüten ausbrechen; hell und kühl überwintern, dabei fast trocken halten; alle 2–3 Jahre im Frühjahr oder Herbst teilen und neu einpflanzen
Ernten: Blätter ab etwa 6 Wochen nach Aussaat 2 cm über Erdoberfläche abschneiden, dann erst wieder Neuaustrieb entwickeln lassen

Dill
Anethum graveolens

Höhe: 50–100 cm
Erntezeit: ab Mai fortlaufend

Aussehen: einjähriges, aufrecht wachsendes Würzkraut mit fein gefiederten, hellgrünen Blättern und kleinen hellgelben Blütchen in lockeren Dolden
Anziehen: Aussaat breitwürfig ab April–Juli, in hohe Kästen oder Töpfe; Sämlinge bei dichtem Aufgang leicht ausdünnen, vor Spätfrösten bis Mai mit Vlies schützen; kann als Beipflanze zu anderen Kräutern oder Gemüse gepflanzt werden
Pflegen: nur leicht feucht halten; Düngung nicht nötig
Ernten: möglichst junge Blätter den ganzen Sommer über; Samenernte lohnt bei Topfkultur kaum, doch wenn man die Pflanzen wachsen lässt, erscheinen im Sommer zierende gelbe Blütendolden

Kresse
Lepidium sativum

Höhe: 20–30 cm
Erntezeit: fast ganzjährig

Aussehen: aufrecht wachsende, einjährige Würz- oder Salatpflanze mit hellgrünen, zunächst länglich eiförmigen, später gefiederten Blättchen
Anziehen: ab März–September alle 2 Wochen in Folgesaaten, direkt in Kästen oder Schalen; Samen breitwürfig ausstreuen, nur andrücken und leicht mit Erde bedecken
Pflegen: gleichmäßig feucht halten; nicht düngen; gedeiht bei genügend Wärme auch im Schatten
Ernten: meist schon 10 Tage nach der Aussaat kann man die jungen Triebe, sobald etwa 6 cm groß, direkt über der Erdoberfläche abschneiden; wird bei zu später Ernte sowie bei längerer Trockenheit unangenehm scharf

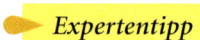
Expertentipp

Kresse lässt sich als »Bodendecker« gut mit anderen Kräutern und Gemüsen kombinieren.

☼ Die Pflanze will es hell und weitgehend sonnig	◐ Die Pflanze gedeiht am besten im Halbschatten	● Die Pflanze gedeiht noch im Schatten	 Viel gießen (im Allgemeinen täglich)

Basilikum
Ocimum basilicum

Höhe: 20–40 cm
Erntezeit: Juni–September

Aussehen: einjähriges, buschig aufrecht wachsendes Würzkraut mit eiförmig zugespitzten, gewölbten, je nach Sorte glänzend grünen, roten oder rotbraunen Blättern; Blüten klein, weiß, erscheinen ab Juli
Anziehen: Aussaat Ende März/April, Lichtkeimer, nicht abdecken; Sämlinge pikieren; nach Mitte Mai – in rauen Lagen erst Ende Mai – in Töpfe oder Balkonkasten pflanzen, 25 cm Abstand
Pflegen: vor kühlen Mainächten mit Vlies schützen; gleichmäßig feucht halten; alle 4 Wochen düngen; regen- und windgeschützt aufstellen
Ernten: Blätter und junge Triebe den ganzen Sommer über; zuerst Triebspitzen ernten, Pflanze wächst dann buschiger; schmeckt vor der Blüte am aromatischsten

Oregano, Dost
Origanum vulgare

Höhe: 20–60 cm
Erntezeit: Mai–September

Aussehen: breitwüchsiger, sommergrüner Halbstrauch; Blätter klein, eiförmig zugespitzt, etwas rau, sattgrün, aromatisch duftend; ab Juli kleine rosa, rotviolette oder weiße Blüten in Trugdolden
Anziehen: Aussaat im März–April, Lichtkeimer; in breite Gefäße setzen, 20–30 cm Abstand; nährstoffarmes Substrat (z. B. Pikiererde), Sand untermischen; ab Anfang Mai nach draußen stellen, vor Frost schützen
Pflegen: nur leicht feucht halten; keine Düngung; im Oktober zurückschneiden und mit Winterschutz draußen oder drinnen frostfrei und mäßig hell überwintern
Ernten: Blätter und junge Triebspitzen fortlaufend pflücken; Aroma während der Blüte am intensivsten

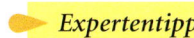 *Expertentipp*

Stellen Sie den Oregano so sonnig wie möglich auf. Zum Trocknen wird er in der Blüte geerntet.

Petersilie
Petroselinum crispum var. *crispum*

Höhe: 20–40 cm
Erntezeit: fast ganzjährig

Aussehen: zweijähriges, buschig wachsendes Würzkraut mit gefiederten, dunkelgrünen Blättern, je nach Sorte glatt oder gekräuselt; »schießt« im Juni/Juli des zweiten Jahres mit gelblichen Blütendolden auf hohen Stielen
Anziehen: Aussaat ab Mitte März–Juni direkt ins Gefäß (Keimdauer bis zu 5 Wochen); Pflänzchen auf 10 cm Abstand vereinzeln; ab April nach draußen stellen, vor Frostnächten abdecken
Pflegen: gleichmäßig feucht halten; alle 2 Wochen schwach dosiert düngen; draußen mit Winterschutz oder an gerade frostfreiem Platz hell überwintern
Ernten: 8–10 Wochen nach Aussaat, bei Märzsaat ab Juni; Blätter fortlaufend ernten, bis kurz vor der Blüte im zweiten Jahr

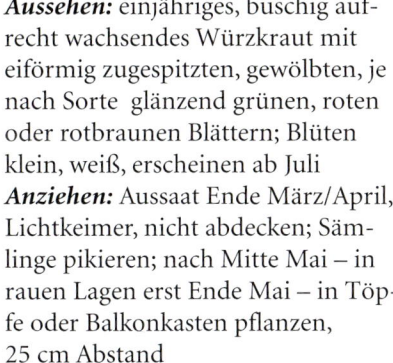

Mäßig gießen (etwa alle 2–3 Tage)	Wenig gießen (nicht austrocknen lassen)	Kann Ampeln und Hängekörbe zieren	Enthält giftige oder hautreizende Stoffe

Würzkräuter für Gourmets

Boretsch
Borago officinalis

Höhe: 60–80 cm
Erntezeit: Juni–September

Aussehen: einjähriges, buschig wachsendes Würzkraut mit großen, runzeligen und behaarten Blättern; ab Juni erscheinen auf hohen Stängeln dekorative blaue Blüten in lockeren Trauben
Anziehen: April–Juni direkt in mindestens 20 cm hohe Kästen oder Töpfe säen, Samen gut mit Erde abdecken; Sämlinge auf 25–30 cm Abstand ausdünnen, nur kräftige stehen lassen
Pflegen: an sonnigen Tagen reichlich gießen; alle 4 Wochen schwach dosiert düngen; Verblühtes entfernen
Ernten: junge Blätter den ganzen Sommer über; auch die Blüten sind essbar und können zur Dekoration verwendet werden

Currykraut
Helichrysum italicum

Höhe: 25–50 cm
Erntezeit: Mai–August

Aussehen: mehrjähriges, buschig wachsendes Würzkraut mit kleinen, schmalen, grauen Blättchen; ab Juli gelbe Blütenköpfchen
Anziehen: Aussaat März–Mai, ab Mitte Mai in Tröge oder große Kästen (25–35 cm Abstand) oder einzeln in Töpfe pflanzen; Substrat mit Sand vermischen
Pflegen: nur leicht feucht halten, verträgt zeitweilig Trockenheit; nach der Blüte zurückschneiden und drinnen frostfrei und hell überwintern; zum Wachstumsbeginn schwach dosiert düngen
Ernten: junge Blätter und Triebe fortlaufend; blühende Pflanzen verlieren an Aroma; duftet und schmeckt tatsächlich nach Curry

Rosmarin
Rosmarinus officinalis

Höhe: 40–100 cm
Erntezeit: März–Oktober

Aussehen: breitbuschiger, dicht verzweigter, immergrüner Strauch; Blätter nadelartig, blaugrün, aromatisch duftend; ab März an den Triebspitzen blaue bis violette Blüten
Anziehen: langwierig; besser Jungpflanzen kaufen, einzeln in Töpfe setzen; Stecklingsvermehrung im August möglich
Pflegen: gleichmäßig leicht feucht halten; bis August alle 8 Wochen düngen; hell bei 2–8 °C überwintern, erst nach Mitte Mai nach draußen stellen; im Frühjahr nach Wachstumsbeginn düngen; ältere Pflanzen nur selten umtopfen
Ernten: Blätter und Triebspitzen fortlaufend; zum Trocknen Ernte der Blätter im Sommer

 *Gute Partner*

• *Ringelblume* • *Studentenblume*
• *Tomate* • *Zucchini*
• *Pflück- und Schnittsalat*

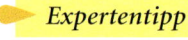 *Expertentipp*

Attraktive, duftende Kübelpflanze mit blauen Blüten, passt gut in mediterrane Arrangements.

Die Pflanze will es hell und weitgehend sonnig

Die Pflanze gedeiht am besten im Halbschatten

Die Pflanze gedeiht noch im Schatten

Viel gießen (im Allgemeinen täglich)

Salbei
Salvia officinalis

Höhe: 30–60 cm
Erntezeit: ganzjährig

Aussehen: breitbuschiger Halbstrauch; Blätter länglich oval, runzelig, graugrün, würzig durftend; ab
Juni blauviolette Lippenblüten
Anziehen: Aussaat ins Gefäß ab
April–Mai, später Jungpflanzen auf
30 cm vereinzeln; oder 1–2 Pflanzen
pro Topf setzen; Stecklingsvermehrung im Sommer möglich
Pflegen: nur leicht feucht halten;
vollsonnig und warm platzieren;
draußen mit Schutz oder drinnen
hell und frostfrei überwintern; im
Frühjahr um gut die Hälfte zurückschneiden, danach schwach dosiert
düngen
Ernten: junge, zarte Blätter fortlaufend pflücken; zum Trocknen Triebe
kurz vor der Blüte schneiden

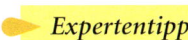 *Expertentipp*

*Die Sorte 'Tricolor' wirkt mit ihren
gelb-weiß-rötlich gemusterten Blättern besonders attraktiv.*

Bohnenkraut
Satureja hortensis

Höhe: 30–40 cm
Entezeit: Juni–Oktober

Aussehen: buschig wachsendes, einjähriges Würzkraut mit schmalen,
stark duftenden, hellgrünen Blättern; ab Juni hellviolette Blütchen
Anziehen: zum Vorziehen Aussaat
im April (Lichtkeimer), nach Mitte
Mai pflanzen; oder Mitte Mai direkt
in Kästen säen, auf 25 cm Abstand
vereinzeln; Folgesaaten bis Anfang
Juni
Pflegen: vor kühlen Mainächten mit
Vlies schützen; gleichmäßig leicht
feucht halten; in der Wachstumszeit
einmal schwach dosiert düngen;
windgeschützt aufstellen
Ernten: junge Triebe fortlaufend;
kurz vor und während der Blüte am
aromatischsten; zum Trocknen blühende Triebe schneiden

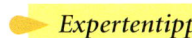 *Expertentipp*

*Auch das mehrjährige Bohnenkraut
(Satureja montana) lässt sich gut in
Töpfen ziehen.*

Thymian
Thymus vulgaris

Höhe: 20–40 cm
Erntezeit: April–Oktober

Aussehen: immergrüner Halbstrauch, buschig bis polsterartig
wachsend; Blätter klein, schmal,
dunkelgrün; ab Mai kleine, rosa bis
violette Blüten
Anziehen: schwierig; am besten
Jungpflanzen kaufen, im Mai mit
20 cm Abstand einsetzen; bei älteren
Pflanzen Stecklingsvermehrung im
Sommer und Teilung im Frühjahr
möglich
Pflegen: nur leicht feucht halten;
möglichst sonniger Stand; Überwinterung drinnen, hell, kühl und fast
trocken halten; im Frühjahr zurückschneiden, danach schwach dosiert
düngen
Ernten: junge Blätter und Triebspitzen abschneiden; kurz vor der Blüte
am aromatischsten, dann auch
Schnitt für Trocknung

Mäßig gießen
(etwa alle 2–3 Tage)

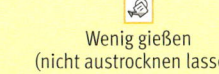
Wenig gießen
(nicht austrocknen lassen)

Kann Ampeln und
Hängekörbe zieren

Enthält giftige oder
hautreizende Stoffe

Beliebte Balkongemüse

Zucchini
Cucurbita pepo

Höhe: 50–60 cm
Erntezeit: Juli–September

Aussehen: einjähriges Fruchtgemüse von ausladendem Wuchs; Blätter groß, hellgrün oder silbrig gefleckt, rau behaart; ab Juni große goldgelbe bis orange Trichterblüten
Anziehen: Ende April 2 Körner pro Topf säen, nach Aufgang schwächere Pflanze entfernen; in breite Kübel pflanzen, nach Mitte Mai nach draußen stellen; 1–2 Pflanzen in der Regel ausreichend
Pflegen: stets gut feucht halten, aber nicht vernässen, nicht in die Blüten gießen; wöchentlich düngen
Ernten: ab etwa 6 Wochen nach der Pflanzung; reife Früchte fortlaufend ernten, höchstens 20 cm lang werden lassen

Rukola, Salatrauke
Eruca sativa

Höhe: 10–20 cm
Erntezeit: Mai–Oktober

Aussehen: einjährig kultivierte Salatpflanze, bildet Rosette aus gelappten oder tief gekerbten, länglichen, dunkelgrünen Blättern; ab Juni kleine gelbe Blütchen auf hohen Stängeln
Anziehen: Aussaat fortlaufend ab April bis September direkt ins Gefäß; in Reihen mit 15–20 cm Abstand oder breitwürfig, Samen nur ganz leicht mit Erde bedecken
Pflegen: gleichmäßig feucht, aber nicht nass halten, Staunässe vermeiden; 1–2 Wochen nach Aussaat einmal schwach dosiert düngen
Ernten: 3–5 Wochen nach der Aussaat; Blätter ernten, solange sie noch jung und zart sind, ältere Blätter schmecken im Sommer schnell unangenehm scharf

Pflück- und Schnittsalat
Lactuca sativa var. *crispa*

Höhe: 20–30 cm
Erntezeit: ab April/Mai

Aussehen: einjährig kultivierte Salatpflanze mit lockeren oder dichten Blattrosetten; Blätter glatt oder gekraust, ganzrandig oder gebuchtet, grün, rötlich oder braun
Anziehen: ab Februar/März; Schnittsalat in 2 Reihen oder breitwürfig direkt in Kasten; Pflücksalat vorziehen und mit 25–30 cm Abstand pflanzen; mit Schutz ab April ins Freie; Folgesaaten bei Schnittsalat bis April, Pflücksalat bis Juli
Pflegen: gleichmäßig feucht, keinesfalls nass halten; nach jedem Schnitt schwach dosiert nachdüngen
Ernten: ab 4–6 Wochen nach Aussaat; bei Schnittsalat ganze Pflanze, von Pflücksalat fortlaufend die untersten Blätter ernten

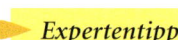 **Expertentipp**

Früchte nicht abreißen oder abbrechen, sondern abschneiden, das schont Frucht und Pflanze.

☼ Die Pflanze will es hell und weitgehend sonnig

◐ Die Pflanze gedeiht am besten im Halbschatten

● Die Pflanze gedeiht noch im Schatten

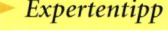 Viel gießen (im Allgemeinen täglich)

Tomate
Lycopersicon esculentum

Höhe: 25–150 cm
Erntezeit: Juli–Oktober

Aussehen: einjähriges Fruchtgemüse, je nach Sorte hochwüchsig, buschig oder hängend; Blätter grob gefiedert, dunkelgrün, aromatisch duftend; ab Mai gelbe Blüten in lockeren Trauben
Anziehen: Aussaat Ende Februar/März; einzeln in Töpfe pikieren; in große Gefäße pflanzen, Abstand mindestens 35 cm; nach Mitte Mai ins Freie
Pflegen: hohe Sorten an Stab aufbinden; gut feucht halten; wöchentlich düngen; bei Stabtomaten in den Blattachseln entstehende Triebe regelmäßig ausbrechen (ausgeizen), nach Bildung des 5. Blütenstands Spitze des Haupttriebs kappen
Ernten: vollreife Früchte pflücken

Radieschen
Raphanus sativus var. sativus

Höhe: 10–15 cm
Erntezeit: Mai–September

Aussehen: einjährig kultiviertes Knollengemüse mit unterschiedlichen Knollenformen und -farben; Blätter oval, rau behaart, dunkelgrün
Anziehen: ab Ende März–August direkt in Kästen oder Schalen säen, alle paar Wochen in Folgesaaten; für Frühjahrs- und Sommersaat verschiedene Sorten (Beschriftung der Samentüten beachten); nach Aufgang entwickelte Pflänzchen auf 6–8 cm ausdünnen
Pflegen: gleichmäßig feucht halten, Düngung nicht nötig
Ernten: im Frühjahr etwa 6, im Sommer 3–4 Wochen nach der Saat; nicht zu lange warten, sonst werden die Knollen »pelzig«; immer dickste Radieschen zuerst ernten

Weitere Gemüse für die Kultur im Gefäß auf Balkon und Terrasse

Name	Pflanzzeit Abstand	Erntezeit
Kohlrabi (*Brassica oleracea* var. *gongylodes*)	ab April 25–30 cm	ab Juni
Brokkoli (*Brassica oleracea* var. *italica*)	Ende Mai–Juni 35–40 cm	Juli–September
Asia-Salate (*Brassica*-Arten)	ab Mai 30 cm	ab Juli
Mangold (*Beta vulgaris* ssp. *cicla*)	Direktsaat Ende April–Juni auf 20–30 cm ausdünnen	Juli–Oktober
Kürbis (*Cucurbita pepo*)	Mitte bis Ende Mai einzeln in große Kübel	ab Juni
Artischocke (*Cynara scolymus*)	Mitte bis Ende Mai einzeln in große Kübel	geschlossene Blütenköpchen ab Juli
Paprika (*Capsicum annuum*)	Mitte bis Ende Mai einzeln in große Kübel	ab Ende Juli
Feuerbohne, Stangenbohne (*Phaseolus coccineus, Phaseolus vulgaris*)	Mitte Mai 2–3 Körner oder Pflanzen in großen Kübeln an Stützen hochziehen	ab Juli
Buschbohne (*Phaseolus vulgaris* var. *nanus*)	Saat ab Mai, Pflanzung ab Mitte Mai 30–40 cm	ab Juli
Winterportulak (*Montia perfoliata*)	Direktsaat oder Pflanzung September–April 20 cm	fortlaufend, winterhart

Expertentipp

Alle grünen Pflanzenteile, auch unreife, noch grüne Früchte, enthalten ein giftiges Alkaloid.

Gute Partner

- Boretsch • Mangold • Salat
- Petersilie • Tomate

Mäßig gießen
(etwa alle 2–3 Tage)

Wenig gießen
(nicht austrocknen lassen)

Kann Ampeln und Hängekörbe zieren

Enthält giftige oder hautreizende Stoffe

Balkon- und Kübelobst

Erdbeere
Fragaria-Arten

Höhe: 20–30 cm
Erntezeit: Juni–Oktober

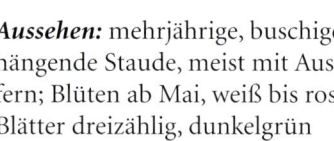

Aussehen: mehrjährige, buschige bis hängende Staude, meist mit Ausläufern; Blüten ab Mai, weiß bis rosa; Blätter dreizählig, dunkelgrün
Pflanzen: Juli–September oder Frühjahr, einzeln in große Gefäße oder mit 30 cm Abstand in Kästen; alle 2–3 Jahre neue Pflanzen bzw. Ausläufer einsetzen
Pflegen: gleichmäßig feucht halten; im Frühjahr Langzeitdünger geben; im Herbst und Frühjahr welke Blätter entfernen; draußen mit Schutz überwintern
Geeignete Sorten: zahlreiche kleinfrüchtige (Monatserdbeeren) und großfrüchtige Sorten; Hängeerdbeeren (bis 40 cm lange Ausläufer); Kletbererdbeeren (bis 140 cm, braucht Gerüst)

Expertentipp

Im August/September gut gießen, denn dann werden die neuen Blüten angelegt.

Apfel
Malus domestica

Höhe: 1–2,5 m
Erntezeit: August–Oktober

Aussehen: sommergrüner Baum mit ganz verschiedenen Wuchsformen (Säulenäpfel, Spindelbusch, Zwergpyramide); Blüten weiß bis rosa, in Büscheln, April/Mai; Blätter eiförmig zugespitzt, sattgrün, glänzend
Pflanzen: um eine Befruchtung sicherzustellen, sind 2–3 verschiedene Sorten nötig; beim Einpflanzen muss die verdickte Veredlungsstelle eine Handbreit über der Substratoberfläche stehen
Pflegen: gleichmäßig feucht halten; im Frühjahr Langzeitdünger geben, im Juni ggf. nachdüngen; draußen geschützt überwintern; braucht je nach Baumform regelmäßigen Schnitt
Geeignete Sorten: »Ballerina«-Sorten (schmal, bis 2,5 m hoch) wie 'Bolero', 'Polka'; Zwerg-Äpfel (nur etwa 1 m hoch); ansonsten fast alle Sorten auf schwachwüchsigen Unterlagen

Sauerkirsche
Prunus cerasus

Höhe: 1–2,5 m
Erntezeit: Juni–Juli

Aussehen: sommergrüner Baum in verschiedenen Wuchsformen; Blüten weiß, in dichten Büscheln, April/Mai; Blätter elliptisch, fein gesägt, ledrig, dunkelgrün
Pflanzen: Sorten meist selbstfruchtbar, also keine Bestäubersorte nötig; beim Einpflanzen muss die verdickte Veredlungsstelle eine Handbreit über der Substratoberfläche stehen
Pflegen: gleichmäßig feucht halten; im Frühjahr Langzeitdünger geben; nach der Ernte mäßiger Rückschnitt (außer bei Zwerg-Kirschen), lange, durchhängende Zweige einkürzen; draußen geschützt überwintern
Geeignete Sorten: spezielle Zwerg-Kirschen (nur etwa 1 m hoch) oder mäßig wüchsige Sorten wie 'Gerema' und 'Morellenfeuer' auf schwach wachsenden Unterlagen

Die Pflanze will es hell und weitgehend sonnig

Die Pflanze gedeiht am besten im Halbschatten

Die Pflanze gedeiht noch im Schatten

Viel gießen (im Allgemeinen täglich)

Pfirsich, Nektarine

Prunus persica

Höhe: 1–2,5 m
Erntezeit: je nach Sorte Juni–Okt.

Aussehen: sommergrüner Baum in verschiedenen Wuchsformen; hellrosa Blüten, März/April; Blätter schmal eiförmig, dunkelgrün
Pflanzen: meist selbstfruchtbar; im Frühjahr eintopfen, mit Veredlungsstelle über der Substratoberfläche
Pflegen: zur Blüte- und Fruchtzeit reichlich, sonst mäßig gießen; im Frühjahr Langzeitdünger geben; bei Buschbäumen regelmäßiger Schnitt nach der Ernte, bei Zwergformen nicht erforderlich; Überwinterung draußen mit gutem Schutz oder drinnen hell und kühl
Geeignete Sorten: spezielle Zwerg-Pfirsiche und -Nektarinen; früh reifende Sorten wie 'Früher Roter Ingelheimer' und 'Nektarose'

Birne

Pyrus communis

Höhe: 1–2 m
Erntezeit: Ende August–Oktober

Aussehen: sommergrüner Baum in verschiedenen Wuchsformen; weiße Blüten, April/Mai; Blätter oval zugespitzt, ledrig, glänzend dunkelgrün
Pflanzen: zur Befruchtung sind 2–3 verschiedene Sorten nötig; in kalkarmes, leicht saures Substrat so pflanzen, dass die Veredlungsstelle über der Substratoberfläche sitzt
Pflegen: gleichmäßig feucht halten; im Frühjahr Langzeitdünger geben, im Juni ggf. nachdüngen; fruchttragende Zweige stützen; draußen mit Schutz überwintern; regelmäßiger Schnitt nötig (außer Zwerg-Birnen)
Geeignete Sorten: 'Gute Luise', 'Vereinsdechant' (beide gute Bestäubersorten), 'Tongern', 'Julibirne'

Rote Johannisbeere

Ribes rubrum

Höhe: 1–1,5 m
Erntezeit: Juli–August

Aussehen: sommergrüner, breitbuschiger Strauch, auch Hoch- oder niedriges Fußstämmchen; Blüten grünlich, in hängenden Trauben, April/Mai; Blätter spitz herzförmig, dreilappig, sattgrün
Pflanzen: selbstfruchtbar (keine Bestäubersorte nötig); vorzugsweise in leicht saure Erde setzen
Pflegen: gleichmäßig gut feucht halten; im Frühjahr Langzeitdünger geben, bis August alle 8 Wochen nachdüngen; Hochstämmchen stützen; nach der Ernte ältere Triebe auslichten, bei Hochstämmchen Triebe um 1/3 einkürzen; draußen mit Schutz überwintern
Geeignete Sorten: 'Jonkher van Tets', 'Weiße Versailler'

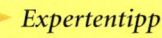 **Expertentipp**

Pfirsiche und Nektarinen sind besonders kälteempfindlich; bei Frösten zur Blütezeit abdecken.

 Expertentipp

Die Sorten sind zwar selbstfruchtbar, eine zweite Sorte verbessert aber den Fruchtansatz.

 Mäßig gießen
(etwa alle 2–3 Tage)

 Wenig gießen
(nicht austrocknen lassen)

 Kann Ampeln und
Hängekörbe zieren

 Enthält giftige oder
hautreizende Stoffe

Balko

...n und Terrasse gestalten

Gestalten: Wege zur grünen Oase

Bezaubernde Balkone, traumhafte Terrassen, wunderschöne Pflanzenkombinationen – hinter solchen Augenweiden steckt manches an Überlegung, Wissen und Erfahrung. Gerade das Gestalten ist ein »grünes Lernfach«, das besonders viel Spaß macht. Sie können spielerisch herangehen und Ihrer Kreativität freien Lauf lassen. Oder Sie gehen eher planerisch vor, etwa so wie beim Einrichten einer Wohnung. Viele Wege führen zum Ziel: einem »grünen Wohnzimmer«, in dem Sie sich wohl fühlen.

Den eigenen Vorlieben folgen und Mut zum Ausprobieren: Das sind sicher zwei ganz wichtige Begleiter auf dem Weg zur individuellen Gestaltung. Es gibt einige bewährte Leitlinien, Vorgehensweisen und grundsätzliche Tipps, die ich auf den folgenden Seiten vorstelle. Dabei handelt es sich jedoch nur um Anhaltspunkte, keinesfalls um allgemeingültige »Regeln« – entscheidend ist letztendlich, was Ihnen persönlich gefällt.

Auch Geduld gehört zu den hilfreichen Weggefährten für Gestaltungs-Einsteiger. Manchmal glückt es schon auf Anhieb, die Idylle zu schaffen, die einem vorschwebt. Doch im Allgemeinen erfordert das Gestalten schon etwas Übung. Das wird durch die »mobile« Pflanzenhaltung in Gefäßen erleichtert, da Sie Arrangements immer wieder umgruppieren und jedes Jahr Neues erproben können. Schließlich darf man nicht vergessen, dass unsere »Gestaltungsobjekte«, die Pflanzen, lebendige, wetterabhängige Wesen sind und damit stets ein wenig unberechenbar.

Balkonträume und Balkonalltag

Gelungene Gestaltung heißt nicht zuletzt auch, das Schöne mit den praktischen Erfordernissen und Gegebenheiten in Einklang zu bringen. Welche Träume tatsächlich umsetzbar sind, hängt zunächst einmal von den Standortverhältnissen (Seite 12/13) ab sowie natürlich von Größe und Zuschnitt Ihres Balkons oder Ihrer Terrasse. Zudem sollte der Pflanzenschmuck keinesfalls die sonstigen Balkon- und Terrassenfreuden beeinträchtigen: genug Platz zum gemütlichen Sitzen, ausreichend Freifläche zum Bewegen, auch um z. B. mal ein schwer beladenes Tablett ohne »Hindernislauf« nach draußen zu tragen, gut zugängliche Türen – solche Kleinigkeiten machen das Leben im grünen Wohnzimmer deutlich angenehmer. Achten Sie auch darauf, dass alle Pflanzen zum Gießen und für andere Pflegemaßnahmen gut erreichbar bleiben.

Harmonie schaffen, Akzente setzen

Schon ein paar hübsch bepflanzte Kästen und attraktive Topfpflanzen bringen Leben auf Balkon und Terrasse. Gestaltung heißt einfach, noch ein wenig mehr daraus zu machen: die Pflanzen so zu arrangieren, dass sie besonders gut zur Geltung kommen und ein stimmiges Gesamtbild ergeben.

Überlegte Anordnung, gezieltes Abstimmen der Farben und geschickte Kombination verschiedener Wuchsformen sind die wichtigsten »Teildisziplinen« beim Gestalten. Eine Rolle spielt oft auch die Auswahl der Gefäße, die die Wirkung der Pflanzen beeinflussen können, aber auch zum eigenständigen Gestaltungselement werden.

Selbst gestalten – wie packe ich es an?

Auch wenn man mit reichlich Informationen, Anregungen und Ideen ausgestattet ist, fällt der praktische Einstieg nicht unbedingt leicht. Geht es an das konkrete Gestalten, braucht man erst einmal einen roten Faden, eine Art Konzept oder einen Ansatzpunkt. Für mich selbst habe ich ein paar unterschiedliche Herangehensweisen gefunden, die ich je nach Lust und Laune verfolge oder auch miteinander kombiniere:

● Von Lieblingspflanzen oder -farben ausgehen: Das ist die spontane, »experimentelle« Methode. Sie bauen die Gestaltung um Ihre Favoriten herum auf, indem Sie passende Begleitpflanzen oder auch optische Gegengewichte (z. B. in starkem Farbkontrast) dazu suchen.

● Schöne Arrangements nachgestalten: Ab Seite 134 finden Sie zahlreiche Pflanzideen, von denen manche vielleicht auch auf Ihren Balkon oder Ihre Terrasse passen. Weitere Anregungen bieten Ihnen z. B. Gartenzeitschriften alljährlich zu Beginn der Balkonsaison, und nicht zuletzt kann man sich auf anderen schönen Balkonen und Terrassen etwas »abgucken«. Oft werden kleine Abwandlungen nötig, z. B. weil man bestimmte Pflanzen nicht in der Blütenfarbe der Vorlage bekommt – und das ist häufig der erste Schritt zu eigenständigen Gestaltungen.

● Eine Grundidee aufgreifen: Dies ist die etwas abstraktere Variante des Vorgenannten. Statt genau nachzugestalten, achten Sie eher auf bestimmte Grundprinzipien von Arrangements, die Ihnen gefallen: z. B. die Farbkombination, die Verteilung von hängenden und aufrechten Pflanzen oder die Verwendung bestimmter Pflanzgefäße.

● Auf dem Papier planen: Grundlage ist eine möglichst maßstabsgerechte Skizze (am besten Ansicht und Aufsicht) des Balkons oder der Terrasse. Wenn Sie davon mehrere Kopien machen, können Sie mit Buntstiften verschiedene Entwürfe durchspielen. Der ungewohnte, »distanzierte« Blick auf die vertraute Umgebung bringt einen oft auf ganz neue Ideen – selbst bei kleinen Balkonen, wo man so etwas zunächst einmal für unnötig hält.

Je kleiner der Balkon oder die Terrasse, desto mehr rate ich anfangs zur Beschränkung: Beginnen Sie eher mit einigen wenigen, aufeinander abgestimmten Gestaltungsideen und -elementen, die Ihnen besonders gefallen. Eventuelle optische Lücken lassen sich im Frühsommer leicht durch nachträglichen Pflanzenkauf füllen.

Wenn man gleich alle Register ziehen will, kann das im Endeffekt überladen wirken. Reizvolle Details gehen unter, das Gesamtbild erfreut einen weniger als erhofft. Weniger ist da manchmal mehr. Eine dekorative Kübelpflanze, ein bezauberndes Arrangement im Topf, eine attraktiv bepflanzte Ampel – der Auftritt solcher Schönheiten ist oft am eindrucksvollsten, wenn man sie vor ruhiger Kulisse agieren lässt und ihnen keine auffälligen Nachbarpflanzen oder Dekoelemente die Schau stehlen.

Blickpunkte am Sitzplatz

Auf der Terrasse oder einem großen Balkon lässt sich für prächtige Kübelpflanzen oft ein spezieller Logenplatz reservieren: Direkt neben dem bevorzugten Sitzplatz oder als Begleiter einer ganzen Sitzgruppe rücken sie ins Zentrum des Blickfelds. So bilden sie einen besonderen gestalterischen Schwerpunkt, der in unserem Beispiel durch die Verwendung hauptsächlich weiß blühender Pflanzen betont wird. Auf einem kleineren Balkon können Sie Ähnliches mit nur ein oder zwei schmalwüchsigen Kübelpflanzen oder kleineren Topfpflanzen umsetzen, sofern die Beweglichkeit und der Zugang zum Sitzplatz nicht eingeschränkt werden.

Opulent bepflanzte Kästen und Töpfe am Geländer prägen auf diesem kleinen Balkon die Gesamtwirkung und betonen apart die mittlere Ebene. Topfpflanzen, die die Farben der Kästen aufgreifen, sorgen für einen schmucken »Unterbau«.

Die Pflanzebenen: Gestaltung mit Struktur

Schon mit recht sparsamer Bepflanzung können Sie ein wirkungsvolles Gesamtbild erzielen, wenn Sie alle »Etagen« nutzen, die sich auf Balkon und Terrasse bieten:

● Die **mittlere, halbhohe Ebene** – beim Sitzen meist in Augenhöhe – wird auf dem Balkon (und manchmal auch auf Terrassen) von den Balkonkästen dominiert. Am Geländer, auf einer Brüstung oder am Fensterbrett bilden sie den – oft besonders prächtig blühenden – Rahmen. An den Schmalseiten eines offenen Balkons oder auch einer Terrasse können hochwüchsige Topfpflanzen oder Kletterer am Rankgitter oder an einer Sichtschutzwand die Kästen ersetzen und zugleich die höheren Etagen erschließen.

● Etwa **auf derselben Ebene** ziehen Kübelpflanzen und Topfgehölze die Blicke auf sich. Sie »füllen« zudem optisch von unten her, beanspruchen aber auch reichlich Bodenfläche. Auf dem Balkon eignen sie sich deshalb eher als sparsam eingesetzte Akzente. Anders jedoch auf einer etwas größeren Terrasse: Hier bilden Kübelpflanzen und Topfgehölze oft den Kern der Gestaltung und können reizvoll in Gruppen angeordnet werden.

● Der **bodennahe Bereich**, besonders in den Ecken, lässt sich schön mit Grüppchen aus kleineren Töpfen und Schalen ausschmücken, die direkt auf dem Boden oder auf Blumenbänken platziert werden. Stauden, Sommerblumen oder Zwerggehölze in Töpfen eignen sich bei genügend Stellfläche auch sehr schön als begleitendes »Fußvolk« für größere Kübelpflanzen und Topfgehölze.

● Die »**Höhenetage**« ist die Domäne der Ampeln und Hanging Baskets. Oft reicht schon ein attraktiv bepflanztes Hängegefäß, um einen Akzent zu setzen, der sich manchmal als i-Tüpfelchen der Gestaltung erweist. Eine Decke oder Balken und Querstreben in der Höhe sind natürlich ideale Voraussetzungen für einen luftigen Pflanzenschmuck, ansonsten helfen langarmige Seitenwandhalterungen.

● Die **Senkrechte** führt sozusagen »an der Wand entlang«: Kletterpflanzen, Töpfe und Kästen auf den verschiedensten Blumenregalen, an einem stabilen Gitter aufgehängte Gefäße oder Wandampeln – hier haben Sie mehrere schöne Möglichkeiten, selbst bei knapper Stellfläche Pflanzenpracht in Szene zu setzen.

Malen mit dem Farbtopf der Natur

Die Farbenpracht der Blüten bestimmt das Bild der meisten Gestaltungen. Bei den Blüten – die mit ihren auffälligen Tönen ja eigentlich Insekten zur Bestäubung anlocken wollen – greift die Natur besonders tief in den Farbtopf. Freilich helfen die Züchter mit immer wieder neuen Nuancen eifrig nach. Auch die Früchte mancher Pflanzen zeigen kräftig Farbe. Sie haben vor allem Bedeutung als Herbst- und Winterzierde. Blätter mit weißer oder gelber Zeichnung, rötlicher Färbung oder bläulichem bis silbrigem Schimmer bereichern ebenfalls die Farbpalette. Aber auch das Blattgrün spielt eine wichtige Rolle, denn im Kontrast zu seinem ruhigen Hintergrund kann sich der Farbzauber der Blüten optimal entfalten.

Farben machen Laune

Farben sprechen unser Gemüt an und beeinflussen oft unbewusst die Stimmung. Dabei lassen sich den Farben verschiedene Wirkungen zuordnen:

Gelb: heiter, anregend, warm; wirkt in Kombinationen belebend und aufhellend

Orange: lebhaft, warm; wirkt in Kombinationen belebend, bei hohem Rotanteil dominierend

Rot: aktivierend, lebhaft, warm, mit Signal-Charakter; wirkt in Kombinationen spannungsreich, kraftvoll, dominierend

Blau: frisch, beruhigend, vornehm, kühl; setzt in Kombinationen Ruhepunkte, sorgt für optische Weite

Violett: beruhigend, sanft, bei hohem Blauanteil kühl, nobel; wirkt in Kombinationen ähnlich wie Blau, schafft einen Eindruck von Tiefe

Rosa: zart, freundlich, bei hohem Rotanteil lebhaft; sorgt in Kombinationen für sanfte Helligkeit

Weiß: ruhig, licht, vornehm, neutral; hellt Kombinationen auf, vermittelt zwischen Kontrasten, sorgt für optische Weite

Grün: ausgleichend, beruhigend; vermittelt zwischen Kontrasten, unterstreicht die Wirkung anderer Farben. Blau und seine Mischtöne (Violett, Blaugrün) werden als kühle Farben eingestuft, Gelb und Rot (samt Orange und Gelbgrün) als warme Farben. Die Farbwirkungen sind bei aufgehellten oder abgedämpften Tönen allerdings weit weniger eindeutig. Solche pastelligen Nuancen, z. B. ein zartes Hellgelb, muten leichter und luftiger an als die Grundfarben. Auch Rosa ist eigentlich nur ein aufgehelltes Rot oder Rotviolett, hat aber als häufig vorkommende Blütenfarbe besondere Bedeutung. Dasselbe gilt für Weiß, an für sich eine »unbunte« Farbe und damit wie Grau, Braun und Schwarz von neutralem Charakter.

Farben gezielt einsetzen

Mit dem Wissen um die Farbwirkungen können Sie gezielt eine bestimmte Atmosphäre auf Ihren Balkon oder Ihre Terrasse zaubern:

● Mit hohem Gelb-, Orange- und Rotanteil erzielen Sie ein fröhliches Bild von starker Leuchtkraft. Allerdings kann solch eine lebhafte Farbenpracht auf Dauer auch erschlagen, gerade wenn sie auf einem kleinen Balkon geballt eingesetzt wird. Einige weiße Blüher oder grüne Blattpflanzen dazwischen bieten dem Auge Ruhepunkte.

● Vorherrschendes Rosa, Blau, Violett und Weiß sowie pastellige Farben wirken eher gediegen. Prägen dabei kleinblütige, zarte und hängende Gewächse den Anblick, vermittelt die Bepflanzung ein beschwingtes, romantisches Flair. Wenn große Blüten, satte Töne und markante Pflanzengestalten dominieren, entsteht ein Eindruck dezenter Noblesse.

Ganz in Rosa: Ton in Ton

Petunie und Elfensporn vereinen sich hier in ganz ähnlichen Farbtönen zum rosa Blütenzauber. Solche Arrangements werden auch als Ton-in-Ton-Kombinationen bezeichnet. Ein anderes Beispiel wäre etwa ein knallroter Kasten mit Pelargonien, Petunien und Hängeverbenen. Dabei können Sie auch zwischen satten und aufgehellten Tönen einer Grundfarbe variieren, etwa von Dunkelrot bis zu zartem Rosarot. Wenn sich dann bei manchen Blüten noch ein Hauch von Orange oder Violett durchsetzt, sind Sie streng genommen schon beim Farbverlauf angelangt. Tatsächlich ist der Übergang in der Praxis fließend.

So schaffen Sie überzeugende Kombinationen

Beim Zusammenstellen verschiedener Farben können Sie nach vier Grundprinzipien vorgehen, die mir in der Gestaltungspraxis immer wieder gute Dienste leisten:

Farbkontraste: Hierbei nutzen Sie spannungsreiche Kombinationen von warmen und kühlen, hellen und dunklen, ruhigen und lebhaften Farben.
Starke Kontraste bilden z. B. Orange – Blau, Gelb – Violett, Rot – Grün, Hellgelb – kräftiges Rosa, Rot – Weiß.

Farbdreiklang: Darunter versteht man eine Zusammenstellung von drei Farben, die in größtmöglichem Kontrast zueinander stehen. Die »klassische« Grundformel dafür ist Rot – Gelb – Blau. Wenn Sie diese drei Komponenten jeweils durch ähnliche Farben (z. B. Blau durch Violett) oder durch Weiß ersetzen, erhalten Sie etliche Variationsmöglichkeiten.

Farbverlauf: Dies ist eine ausgesprochen harmonische Kombination ähnlicher Farben mit sanften Übergängen, z. B. verschiedene Gelb- und Orangetöne.

Durch Einbeziehen aufgehellter, pastelliger Töne können Sie gerade Farbkontraste oder Farbdreiklänge vielfältig abwandeln. Außerdem lässt sich jeder gewählten Zusammenstellung das neutrale Weiß hinzufügen, das den Farbkombinationen insgesamt wieder einen ganz anderen Charakter verleihen kann. So gelangen Sie mit diesem recht einfachen »System« zu einer Fülle hübscher Farbarrangements.

Aber freilich spricht auch nichts dagegen, von allen Kombinationsschemen einmal ganz abzuweichen und z. B. einen kunterbunten Hanging Basket in allen Regenbogenfarben zu bepflanzen.

Farbenschauspiel und Kulisse

Nicht nur die Pflanzen bringen Farbe auf Balkon und Terrasse. Fassade, Bodenbelag, Geländer, Rankgerüste und Mobiliar samt Tischdecken und Stuhlbezügen können die unterschiedlichsten Töne aufweisen und die Farbwirkung von Blüten und Blättern beeinflussen. Dazu kommen die Pflanzgefäße und eventuell Dekorationselemente, oft ebenfalls mit farblichem »Eigenleben«.

Bedenken Sie deshalb bei der Farbgestaltung auch die Effekte der unbelebten Kulisse und Utensilien:

● Je intensiver diese getönt sind, desto mehr müssen Sie auf eine gezielte Abstimmung der Pflanzenfarben achten. Bunte (oder auch schwarze) Möbel oder Töpfe wirken im Laden oft toll – nach dem Aufstellen zu Hause kann sich herausstellen, dass sie auf Dauer doch zu »knallig« sind und die Gestaltungsmöglichkeiten einschränken.

Der Farbdreiklang in Rot, Gelb und Blauviolett macht diese Frühjahrsbepflanzung zu einem wahren Augenschmaus.

● Vor dunklem Hintergrund kommen Gelb, Weiß und aufgehellte Töne am besten zur Geltung, Blau, Violett und Dunkelrot dagegen verlieren an Wirkung.

● Vor einer weißen Fassade dagegen heben sich kräftig dunkle Töne sehr schön ab, während helle Farben hier oft recht blass anmuten.

● Andererseits geben die Farben und Materialien von Bodenbelägen, Geländern usw. oft schon eine gewisse Stimmung vor, die Sie durch Wahl der Blütenfarben verstärken können. Im rustikalen Rahmen mit viel Holz z. B. wirken fröhlich bunte Bepflanzungen sehr passend.

Mit Stil zur stimmigen Gestaltung

Keine Angst, hier geht es nicht um den exklusiven Designer-Balkon, sondern um recht einfache, aber wirkungsvolle Wege zu einer harmonischen Gestaltung. Ein bestimmter Stil, ein Motto, ein Thema – solche selbst gewählten Vorgaben können es Ihnen erleichtern, eine Linie in das Gesamtarrangement zu bringen. Das mag eine bevorzugte Grundstimmung sein, etwa fröhlich lebhaft oder dezent vornehm, oder das besondere Flair einer fremdländischen Kultur, z. B. der mediterranen oder asiatischen. Auch beliebte Einrichtungsstile wie Landhaus- oder Ethno-Ambiente lassen sich mit etwas Fantasie, passenden Pflanzen und Accessoires auf Balkon und Terrasse übertragen. Kleine Abweichungen und »Stilbrüche« sind oft schon aus praktischen Gründen unvermeidlich, wirken aber manchmal gerade besonders originell.
Das gilt gerade auch für gezielte Pflanzenzusammenstellungen, z. B. nach geografischer Herkunft. Manche Gewächse sind ja so typisch für bestimmte Regionen oder Kontinente, dass sie dem Fernweh eine klare Richtung geben. So erinnern Bambus und Kamelie deutlich an Asien, Engelstrompete und Agave an Süd- und Mittelamerika. Doch schon bei den bekannten Südländern zeigt sich, dass Purismus fehl am Platze ist: Die »mediterrane« Bougainvillee stammt ursprünglich aus Brasilien, die »Südfrüchte« Zitrone und Orange sind im fernen Osten zu Hause.

Wie wär's mit rustikalem Charme?

Der Bauerngarten-Stil, in der etwas schickeren Variante auch als Landhaus- oder »Country«-Stil bekannt, besticht durch seine heitere, unkomplizierte Ausstrahlung. Bunte Blumen, oft in warmen Farbtönen, prägen die Szenerie: Sonnenblumen, Studentenblumen, Dahlien, Kapuzinerkresse – alles recht robuste Schönheiten, die schon vor langer Zeit in ländlichen Gärten kultiviert wurden. Weitere sehr gut passende Arten sind z. B. Ringelblume, Nelken, Pantoffelblume, Löwenmäulchen, Margeriten, Duftwicke, Fleißiges Lieschen und natürlich auch Pelargonien. Dazu können Sie typische Bauerngartenstauden in Töpfen gesellen, etwa Sonnenhut (*Rudbeckia*), Rittersporn (*Delphinium*) oder Fetthenne (*Sedum*). Ein anderes typisches Element des Bauerngartens lässt sich auf Balkon und Terrasse ebenfalls schön einsetzen: das traute Miteinander von Blu-

men, Gemüse und Kräutern. Buchs und Hortensien zählen unter den Topfgehölzen zur ersten Wahl, unter den Kübelpflanzen z. B. Lorbeerbaum und Strauchmargerite. Und natürlich fügen sich auch Rosen und Obstbäumchen problemlos in solche

Gesellschaften ein. Schlichte Tontöpfe unterstreichen den rustikalen Charakter. Möbel, Geländer und Blumenbänke aus Holz bilden den stimmigen Rahmen. Der weiße Anstrich in unserem Beispiel bringt etwas Eleganz ins Spiel.

Ein Platz zum Träumen: Entdecken Sie Ihre romantische Ader

Rosa- und Violetttöne sowie filigranes Blattwerk in heller Kulisse – das taucht alles in ein mildes Licht und strahlt einen sanften Zauber aus. Bei aller Zartheit und Verspieltheit hat das Ganze auch eine vornehme Note, nicht zuletzt dank der edlen Lilie. Sie wetteifert mit dem hübschen Bougainvilleen-Hochstämmchen um das Auge des Betrachters. Als weitere Blickpunkte würde ich solch einem Arrangement rosa oder weiß blühende Rosen hinzufügen und als Hänge- und Ampelpflanzen z. B. Elfensporn oder Blaue Mauritius.

Nordisches Flair: frisch, entspannt und behaglich

Skandinavische Inspirationen standen bei dieser Gestaltung Pate. Kennzeichend ist die Dominanz von kühlem Blau und frischem Weiß, eine Kombination, die optische Weite schafft und selbst kleine Balkone groß erscheinen lässt. Als Gegenpart werden sparsam einige gelbe Blüher wie die Schwarzäugige Susanne im Hintergrund eingesetzt, die mit ihren warmen Farben hervorstechen. Das bezaubernde leuchtende Blau neben dem Stuhl steuert ein Rittersporn (*Delphinium*) bei. Zu seinen Füßen sorgt ein Miniteich mit kleinen Wasserpflanzen für einen besonderen Akzent.

Sinnenfrohes Blühvergnügen – mit einem Hauch von Mittelmeer

Die weiße Bougainvillee und der Lavendel im Terrakottakübel markieren hier ein mediterranes Ambiente, mit Unterstützung durch das passende Mobiliar. Nicht ganz so »stilecht« sind die Petunien am Geländer und der Zweizahn in der Ampel – aber wen kümmert das schon bei solch einer überwältigenden Blütenpracht?
Pflanzen, die den Mittelmeer-Aspekt verstärken können, sind z. B. Oleander, Feige und Lorbeer, Spanisches Gänseblümchen, Portulakröschen und Goldtaler.

Pflanzen geschickt in Szene setzen

Gemischte Kästen am Geländer, größere Einzelpflanzen in Töpfen auf dem Boden – das ist eine verbreitete Anordnung, die durchaus hübsche und vielfältige Gestaltungen ermöglicht. Doch schon mit kleinen Abweichungen von diesem Grundprinzip können Sie eine spannendere Gesamtwirkung erzielen und interessante Akzente setzen.

Nützliche Inspirationsquellen sind Gartencenter, Gärtnereien, Baumärkte und Kataloge oder Internetseiten von Garten- und Zubehörversendern.

Denn besondere Gefäße und Stellmöglichkeiten wie Blumentreppen, -bänke und -regale gehören zu den wichtigsten Hilfsmitteln für die »etwas andere« Pflanzenpräsentation.

Das ist ein schöner Nebeneffekt solcher Utensilien, Pflanzengitter und Wandampeln eingeschlossen: Sie erweitern die Gestaltungs- und Bepflanzungsmöglichkeiten, beanspruchen aber nur wenig oder gar keine zusätzliche Bodenfläche.

Pflanzenschmuck und Schmackhaftes in Etagen

Blumeneckregale bieten eine sehr schöne und zugleich praktische Möglichkeit, viele Pflanzen auf engem Raum unterzubringen. Die Höhenstaffelung hat zudem den Vorteil, dass alle Pflanzen optimal Licht abbekommen, weil sie sich nicht gegenseitig »in der Sonne« stehen. Außerdem bleiben alle Gewächse für Pflegemaßnahmen gut erreichbar.

> **Expertentipp**
>
> Verwenden Sie am besten für alle Pflanzen Untersetzer oder Übertöpfe, damit die jeweils darunter stehenden Gewächse nicht durch Tropfwasser geschädigt werden.

Blumenarrangements in Töpfen – eine runde Sache

Es muss nicht immer der Balkonkasten sein: Sommerblumen lassen sich auch in breiten Töpfen oder Schalen schön miteinander kombinieren. So können Sie die eckigen Umrisse der Kästen mit abgerundeten Gefäßformen auflockern, auch wenn Sie keine Kübelpflanzen oder größeren Topfgewächse verwenden.

Beim Anordnen der Pflanzen geht man im Prinzip ganz ähnlich vor wie bei einem Balkonkasten (Seite 18/19). Wird der Topf hauptsächlich von einer Seite betrachtet, kommen die höchsten Pflanzen nach hinten. Andernfalls setzt man sie ins Zentrum und säumt sie rundum mit halbhohen und hängenden Arten. Da die Wurzeln der Sommerblumen nicht allzu tief reichen, können Sie bei hohen Töpfen unten reichlich Blähton als Dränage auffüllen.

So können Sie ungewöhnliche Blütenwände schaffen

Eine raffinierte Lösung, die senkrechte Gestaltungsebene zu nutzen: Töpfe werden an einem dekorativen Pflanzengitter, an einem Rankgitter oder Sichtschutzelement in verschiedenen Höhen befestigt. Zum sicheren Anbringen können Sie robuste Schnur, Draht, spezielle Topfhalterungen oder verstellbare Metallschellen aus dem Baumarkt verwenden. Wird solch ein Gitter an der Fassade montiert, erhalten Sie eine originelle Wandbegrünung. Frei stehend, mit stabilem Fuß bzw. Ständer, lässt es sich als Raumteiler oder Sichtschutzelement nutzen.

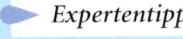 *Expertentipp*

Hierfür empfehle ich bevorzugt leichte Töpfe und Übertöpfe aus Kunststoff.

Eine Wandampel der besonderen Art

Bepflanzte Wandampeln oder -töpfe (siehe auch Seite 29) haben einen ganz speziellen Charme, je nach Gefäßform oft mit romantischer oder vornehm »klassizistischer« Note. Verspielt bis ländlich nostalgisch wirkt solch ein Drahtkorb, der mit Moos ausgekleidet wird, damit die Erde nicht herausrieselt. Zuweilen werden solche Pflanzkörbe, die den Hanging Baskets (Seite 22/23) ähneln, im spezialisierten Fachhandel angeboten. Andernfalls lassen sich sonstige Drahtkörbe, z. B. aus dem Haushaltswarenbereich, »zweckentfremden«. Wenn Sie etwas Bastelerfahrung haben, können Sie die Gefäße in beliebiger Form auch selbst herstellen. Der Draht muss in jedem Fall stabil und rostfrei sein.

Originelle Pflanzen-Szenerien mit Pfiff

Ungewöhnliche Lösungen, Pflanzen zu arrangieren und in Szene zu setzen: Das ist ein sehr vergnügliches Betätigungsfeld für Kreative, findige Bastler und Heimwerker. Eine Leiter, ein schmales, hohes Büroregal, ein alter Sekretär, dessen Restaurierung nicht mehr lohnt – vielleicht findet sich im Keller oder Schuppen ein brauchbares Utensil, das als »Pflanzenetagere« zu ganz neuen Ehren kommt und zugleich für einen besonderen Blickpunkt sorgt. Freilich sollten alle Töpfe und Kästen auch auf ausgefallenen Unterlagen sicher stehen. Für unser Leiter-Beispiel sind deshalb recht schwere Auflagebretter ratsam, die eventuell noch an den Holmen festgeschraubt werden. Wo Kinder auf Balkon oder Terrasse toben, ist solch ein Arrangement allerdings weniger empfehlenswert.

Pflanzideen für Blütenparadiese

Lassen Sie sich inspirieren: Die Beispiele auf den folgenden Seiten zeigen Ihnen attraktive Gestaltungsmöglichkeiten für ganz unterschiedliche Balkon- und Terrassensituationen. Der Schwerpunkt liegt dabei auf kleineren Arrangements, die Sie recht unabhängig von Größe und Zuschnitt des »grünen Wohnzimmers« fast überall einsetzen können. Einige größere Ausschnitte und Komplettgestaltungen bieten Anregungen, wie sich insgesamt ein gut abgestimmtes, harmonisches Bild erzielen lässt.

So verschieden wie Balkone und Terrassen sind auch die Geschmäcker. Deshalb können und wollen die hier vorgestellten Gestaltungen auch keine »Schnittmuster« sein, sondern eher konkrete »Skizzen«, die Sie nach Belieben und je nach den vorhandenen Möglichkeiten abwandeln können. Gerade wenn man nur über ein paar Quadratmeter »Balkonien« verfügt oder mit stärkerer Beschattung zurechtkommen muss, wird oft ein stärkeres Variieren nötig: z. B. mit ähnlichen, aber kompakteren bzw. schattenverträglichen Arten oder mit schmucken Blattpflanzen als Ersatz für opulente Blüher. Wenn Sie auf diese Weise die Besonderheiten Ihres »grünen Wohnzimmers« akzeptieren, entfaltet selbst ein vermeintlicher Problemstandort manchmal ganz ungeahnte Stärken.

Pflanzenspaß rund ums Jahr

Für die Zeit ab Mai bis zum Spätsommer, in der Balkon und Terrasse tatsächlich als grüne Wohnzimmer genutzt werden, gilt der Gestaltung natürlich besondere Aufmerksamkeit. Doch ich stelle selbst immer wieder fest, dass Frühlingsarrangements fast noch mehr bezaubern können als jeder Sommerprunk: Die ersten Blüten im zeitigen Frühjahr sind immer wieder eine kleine Sensation. Und ein Blick auf den lebhaften Frühjahrsflor draußen vor der Balkontür hebt zum Winterende deutlich die Stimmung. Ähnlich erquickend wirken Spätjahrsblüher und andere herbstschöne Gewächse sowie winterlicher Pflanzenschmuck. Auch wenn der Aufenthalt draußen ungemütlich wird und die Sommerfreuden längst passé sind, lassen sie der Herbst- und Wintertristesse keine Chance. Der Aufwand für solche Pflanzenfreuden »zur Unzeit« ist nicht allzu groß. Sie sollten jedoch einige zusätzliche, frostfeste Gefäße dafür reservieren, da es bei den Pflanz- bzw. Blütezeiten zum Teil Überschneidungen mit den Sommerblühern gibt.

Besondere Gestaltungsaspekte

Blütenfeste im Balkonkasten, Augenweiden im Kübel, überschäumender Flor in Blumenampeln – das alles prägt herrliche Balkon- und Terrassenansichten. Sie können den Gestaltungsspielraum noch erweitern, indem Sie neben der sommerlichen Blütenpracht weitere Aspekte einbeziehen: so etwa die Zierwirkung der Wuchs- und Blattformen, spezielle Pflanzengenüsse oder auch saisonalen Pflanzenschmuck zu anderen Jahreszeiten (siehe auch Seite 134). Wie diese Möglichkeiten optimal eingesetzt werden, entscheidet nicht zuletzt Ihre individuelle Nutzung von Balkon und Terrasse als Wohnraum im Freien.

Leben im grünen Wohnzimmer

Bei allem Bemühen um eine schöne Gestaltung sind der Balkon und die Terrasse ja keine Pflanzengalerien, sondern Aufenthaltsorte zum Entspannen oder gemütlichen Beieinandersitzen. Denken Sie deshalb beim pflanzlichen Ausgestalten auch daran, wie Sie Ihr grünes Wohnzimmer

bevorzugt nutzen möchten. Dies kann nicht zuletzt helfen, eine stimmige Gesamtlinie zu finden. Dazu einige Beispiele für häufig vorkommende Anforderungen und Wünsche:

Geselliges Beisammensein: Wenn Sie gern Freunde einladen oder eine große Familie haben, brauchen Sie vor allem Platz für Tische und Stühle sowie zum Laufen ohne Stolperfallen. Gestaltungslösungen, die wenig Bodenfläche beanspruchen, sind hier Trumpf: Pflanzen am Geländer, auf Brüstungen, Fensterbänken, Pflanzenregalen und an der Wand. Manche Gestaltungsstile bieten sich, je nach Geschmack und Art der Geselligkeit, besonders an: etwa eine rustikal-fröhliche Atmosphäre mit vielen robusten Sommerblumen; ein mediterranes Flair, das beim Zusammensitzen ein wenig Urlaubsstimmung aufkommen lässt; oder auch eine eher sparsame, noble Pflanzenausstattung mit repräsentativen Pflanzgefäßen und Accessoires.

Entspannen, Relaxen und Träumen: Wenn Sie auf Ihrem Balkon oder Ihrer Terrasse am liebsten allein oder zu zweit »die Seele baumeln lassen«, hilft der gezielte Umgang mit Farbwirkungen und -stimmungen (Seite 128/129) ganz besonders, den passenden Rahmen dafür zu schaffen. Ob eher anregend und heiter, mit warmen, leuchtenden Farben, oder lieber beruhigend, umgeben von gediegenen und sanften Tönen – das bleibt natürlich ganz Ihnen überlassen. Falls Sie gern die späten Abendstunden draußen genießen, sollten Sie genügend weiß oder hell blühende Pflanzen auswählen, die noch in der Dämmerung oder selbst bei künstlichem Licht ihren Zauber entfalten. Weitere schöne »Zutaten« sind z. B. ein lauschiger Sichtschutz mit Kletterpflanzen oder Duftpflanzen, die die Nase verwöhnen.

Kindgerechte Umgebung: Wo Kinder Balkon oder Terrasse mitbenutzen, gelten ähnliche Bedingungen wie beim geselligen Beisammensein: Möglichst viel freie Fläche ist gefragt, Platz sparende Bepflanzungslösungen sind günstig, leicht umzustellende und zusammenklappbare Möbel vorteilhaft. Allzu zarte und wertvolle Gewächse werden besser außer Reichweite der Kinder platziert. Bei kleinen Kindern sollten Sie auf giftige sowie bedornte oder bestachelte Pflanzen verzichten und Unfallquellen wie leicht überwindbare Balkongeländer oder hoch platzierte Töpfe, die herabfallen könnten, »entschärfen« bzw. vermeiden. Kinder lieben meist kräftige, leuchtende Farben. Mit passenden Dekos, z. B. bunten Windrädern, zeltartig aufgespannten Sonnensegeln oder einem eigenen Balkonkästchen mit leicht zu pflegenden Pflanzen werden Balkon oder Terrasse für sie zur besonderen Erlebniswelt.

Später Pflanzenschmuck

Im Spätherbst und Winter, wenn sich Blüten rar machen, treten Blattformen und -farben sowie Wuchsformen als eigenständige Elemente in den Vordergrund. Charakteristisch sind die oft kegelförmigen Gestalten der Zwergnadelgehölze, hier vertreten durch eine gelbnadelige Zwerg-Fadenzypresse. Farblich und mit ihrem aufstrebenden Wuchs passt sie sehr gut zur dunkelrosa blühenden Besenheide. In der anderen Kastenhälfte runden der Salbei und die rotfrüchtige Scheinbeere mit kompakten, breiten Wuchsformen das Bild ab und wirken durch den Kontrast zwischen großen, hellgrünen sowie kleinen, dunkelgrünen Blättern.

Zwischen farbenfroher Bepflanzung und bunten Dekos fühlen sich Kinder besonders wohl. Gefragt sind Platz sparende Gestaltungslösungen, die möglichst viel freie Bodenfläche lassen.

Nutzen Sie die Vielfalt der Pflanzenfreuden

● Achten Sie einmal bei Arrangements, die Ihnen gefallen, nicht nur auf die Blüten und Farben, sondern auch auf die Wuchsformen und ihre Anordnung: Sie haben oft deutlichen Einfluss auf die Wirkung des Gesamtbilds, auch wenn man es häufig nur unterschwellig wahrnimmt. Die wichtigsten Pflanzengestalten lassen sich grob etwa so unterteilen: klein, mittelgroß oder stattlich, schlank aufrecht oder buschig, polsterartig oder locker breitwüchsig, leicht überhängend, mit langen Trieben herabwallend oder kletternd.

● Auch die Beschaffenheit der Blätter trägt zum charakteristischen Ausdruck der Pflanzen bei: Sie können groß- oder kleinflächig sein, filigran zerteilt, rundlich, zugespitzt oder schmal, mit glänzender oder matter Oberfläche. Nun könnte man aus diesen »formalen« Aspekten zahlreiche Kombinationsregeln und -schemen herleiten. Doch da das leicht ein wenig abstrakt wird, empfehle ich eher, damit zu »spielen« und einfach bewusst mit den verschiedenen Erscheinungsbildern der Pflanzen umzugehen. So können Sie z. B. bevorzugt auf klare Konturen oder aber

auf fließende Formen setzen, buschigen oder etwas steifen Schönheiten auflockernde Hängepflanzen hinzugesellen oder durch Einsatz vieler verschiedener Wuchsformen ein abwechslungsreiches Gesamtbild erzielen.

● Doch mit Farben und Formen ist das Repertoire der Pflanzenwelt noch lange nicht erschöpft. Genüsse besonderer Art bieten Gewächse mit intensivem Duft, die den Aufenthalt draußen zum wahren Sinnenerlebnis machen. Allerdings sind intensive Düfte, wie etwa bei der Engelstrompete, nicht jedermanns Sache. Angenehm duftende Pflanzen präsentieren sich optisch teils eher bescheiden, gerade wenn es – wie etwa bei Duftpelargonien – die Blätter sind, die der Nase schmeicheln.

● Zu den Paradebeispielen dafür zählen die Kräuter, die zugleich einen weiteren Sinnengenuss ins Spiel bringen: Schmackhaftes, frisch aus dem Balkonkasten oder Kübel geerntet, ist schon ein ganz besonderer Balkon- und Terrassenspaß. Mit leuchtend gefärbten Früchten, hübschem Blattwerk und teils attraktiven Blüten sind Obst, Gemüse und Kräuter häufig auch hübsch anzusehen und lassen sich problemlos in die Gestaltung eingliedern.

Balkon-Start mit Frühlingsgefühlen

Schon zeitig im Frühjahr können Schneeglöckchen und Krokusse den Blütenreigen eröffnen, gefolgt von Tulpen, Narzissen, Hyazinthen und anderen Zwiebel- und Knollenblumen. Sie können für die Frühjahrspracht bereits im Herbst Vorsorge treffen, indem Sie dann schon Zwiebeln und Knollen in Gefäße stecken. Einfacher geht es jedoch mit im Frühjahr gekauften, bereits blühenden Pflanzen. Setzen Sie die Zwiebel- und Knollenblumen in kleinen Gruppen zu mindestens drei, damit sie richtig Wirkung entfalten. Lediglich Ranunkeln und Hyazinthen überzeugen auch als »Einzelstücke«. Eine Weiterkultur der Zwiebeln und Knollen nach der Blüte lohnt höchstens im Garten. Zweijährige Blumen wie Tausendschön und Goldlack sowie frühjahrsblühende Stauden erweitern das Frühlings-Repertoire. Sie lassen sich vielfältig kombinieren und sind mit ihrem buschigen oder rosettenartigen Wuchs hervorragende Partner für Zwiebel- und Knollenblumen, die allein oft etwas steif und an der Basis nackt wirken.

So wird das Frühjahr fröhlich bunt

Rot – Gelb – Blau, der immer wieder bestechende Dreiklang der drei Hauptfarben, lässt sich im Frühling besonders effektiv umsetzen. Nur wenige Sommerblüher kommen an das leuchtende Rot mancher Tulpensorten heran, und Narzissen, obwohl auch in Weiß sehr schön, sind geradezu ein Synonym für strahlendes Frühlingsgelb. Kräftiges Blau steht uns z. B. mit Traubenhyazinthen (*Muscari*-Arten), Vergissmeinnicht und Hyazinthen zur Verfügung. Farbstarke Alternativen in Rot und Gelb wären Ranunkeln; und Stiefmütterchen haben sogar alle drei Hauptfarben in intensiven Tönen zu bieten.

Frühlingsgruß – von vornehmer Eleganz

Ein herrliches Arrangement, das auch am etwas schattigeren Platz gut gedeiht und mit einfachen Mitteln eindrucksvolle Wirkung erzielt: Die Narzissen werden von Kissenprimeln gesäumt, Efeu und Stacheldrahtpflanze (*Calocephalus brownii*) umspielen das blau glasierte Tongefäß. Die Blautöne von Primeln und Topf und der dunkle Hintergrund bringen das Gelb der Narzissen richtig zum Leuchten, die silberfarbenen Triebe der Stacheldrahtpflanze, die sonst meist für Herbstbepflanzungen verwendet wird, unterstreichen das noble Erscheinungsbild.

▶ *Expertentipp*

Für silbriges Flair im Frühjahr können Sie z. B. auch Taubnessel- oder Günsel-Sorten einsetzen.

Staudenflor mit naturnahem Charme

Nicht nur Zwiebelblumen und Zweijährige erfreuen zu Beginn der Balkonsaison das Auge. Mit topftauglichen Stauden können Sie nicht ganz alltägliche Kombinationen schaffen, wobei der Blütenschwerpunkt oft eher im Spätfrühling liegt. Hier geben sich Akelei (*Aquilegia*-Hybriden), Schlüsselblume (*Primula veris*) und zart violettblau blühende Buschwindröschen (*Anemone nemorosa*) ein Stelldichein.

▸ *Expertentipp*

Wenn Sie einen Garten haben, können Sie die Stauden nach dem Verblühen draußen einpflanzen.

Edle Tulpenpracht

Tulpen warten mit vielen warmen, satten Farbtönen auf, doch auch die dezenteren Blütenfarben haben ihren besonderen Reiz. Das tiefe Violettrosa dieser Tulpenschönheiten (Sorte 'Attila') gibt sich distinguiert, die Begleitpflanzen – Vergissmeinnicht, Mini-Stiefmütterchen und buntblättriger Salbei – untermalen die Wirkung und füllen den »Fußraum« mit Leben.

Solche hochwüchsigen Tulpensorten brauchen schon recht große Gefäße, für Kästen und Schalen eignen sich eher die so genannten Botanischen und Wildtulpen.

Frühjahr im romantischen Kleid

Die Hauptrolle in diesem Arrangement spielt ein Besenginster (*Cytisus scoparius*), der seine rosa Blütenwolke erst spät im Frühjahr entfaltet. Der kleine Strauch wächst nur etwa 50 cm hoch. Unterstützt wird er durch mehrere Vergissmeinnicht in zarten Blau- und Violetttönen. Die sanfte Farbstimmung in Verbindung mit der Fülle kleiner Blüten wirkt leicht, luftig und verspielt.

Solch ein Arrangement könnten Sie z. B. mit Tausendschön oder Mini-Stiefmütterchen in pastelligen Farben ergänzen.

Sommerliche Blütenfeste

Wenn ab Mitte Mai Balkonkästen, Töpfe, Ampeln und Schalen bepflanzt werden, können Sie ganz aus dem Vollen schöpfen. Sommerblumen sind in ihrer Blütenfülle kaum zu schlagen und stehen in nahezu allen Farbnuancen zur Verfügung. Die größte Auswahl haben Sie, wenn Ihr Balkon oder Ihre Terrasse weitgehend sonnig ist. Allerdings bleiben einige spezielle Schönheiten wie die Fuchsien stärker beschatteten Plätzen (Seite 142/143) vorbehalten.

Farbenspiele und Farbwirkungen kommen beim sommerlichen Blütenfest besonders zum Tragen. Die Pflanzideen auf diesen Seiten veranschaulichen, dass dabei auch die Blütenformen und -größen eine wichtige Rolle spielen: Große Blüten und kompakte Blütenstände wirken eher plakativ; kleine Blüten in großer Fülle muten dagegen luftiger und leichter an. Ob Sie dabei auf bunte Vielfalt oder einheitliche Farbwirkungen setzen, bleibt ganz Ihnen überlassen. Mir selbst fällt es oft etwas schwer, mich nur auf eine Grundfarbe zu beschränken. Doch jedes Mal, wenn ich mich dazu »durchringe«, bin ich immer wieder begeistert, wie eindrucksvoll eine Gestaltung fast nur in Rot-, Rosa-, Blau- oder Gelbtönen oder auch ganz in Weiß sein kann.

Blütensinfonie im harmonischen Dreiklang

Diese bezaubernde Balkonidylle setzt im Grunde auf den Farbdreiklang Rot – Gelb – Blau, wobei die letztere Komponente im Gewand eines hellen Violettblau auftritt. Am kräftigsten tönt die rote Pracht der Pelargonien, unterstützt durch die Blütenfülle kirschroter Zauberglöckchen. Die gelb blühende, überhängend wachsende Nachtkerze (*Oenothera* 'African Sun') ist eine Neuentdeckung der letzten Jahre und hält vielleicht bald Einzug in das Standardsortiment. Ihren Part in diesem Arrangement könnten z. B. auch Gelbes Gänseblümchen (*Thymophylla*), Zweizahn oder gelbe, kleinblütige Hängepetunien übernehmen. Elfenspiegel, Blaue Mauritius und Männertreu sorgen für die violettblaue Abrundung des Dreiklangs. Besonders gut gefällt mir hier der Einsatz der weißen Pelargonien, die durch die weißen Blütchen der hängenden Schneeflockenblume verstärkt werden. Versuchen Sie einmal, sich diesen lichten Akzent wegzudenken – die Gestaltung wäre zwar immer noch ansprechend, doch erst das Weiß bringt die Sinfonie richtig zum »Klingen«. Es schafft einen Ruhepunkt, das Gesamtbild wirkt offener und weiter. Zugleich ergibt sich ein schöner Hell-Dunkel-Kontrast zwischen den weißen und roten Pelargonien, eine Kombination, die sich auch in »Geranien«-Kästen ohne weitere Begleitpflanzen immer wieder bewährt.

Luftige Blütenwogen: Hanging Basket als Blickfang

Petunien, Hängeverbenen und gelbe, hängende Löwenmäulchen blühen hier um die Wette und ziehen, gleich
neben dem Sitzplatz aufgehängt, alle Blicke auf sich.
Berücksichtigen Sie allerdings beim Platzieren eines Hanging Baskets, dass sich herabtropfendes Gießwasser nicht
ganz vermeiden lässt.

➤ *Expertentipp*

*Lichten Sie stark wuchernde Pflanzen
im Sommer gelegentlich aus, damit
sie ihre Begleiter nicht verdrängen.*

Rundum Pelargonien – ein Refugium für Geranien-Liebhaber

Pelargonien oder »Geranien«, wie sie im Volksmund
heißen, belegen seit Jahrzehnten Spitzenplätze in den
Balkonpflanzen-Charts. Kein Wunder, denn sie blühen
reich und zuverlässig, sind recht robust und bieten eine
gewaltige Palette an Rot-, Rosa- und Lilatönen. Und sie
machen nicht nur in Kästen eine gute Figur, sondern
beeindrucken auch in flachen breiten Töpfen, wie dieses
Beispiel zeigt, oder sogar als Hochstämmchen.
Die Gestaltung demonstriert zugleich, wie harmonisch
ein Farbverlauf (man könnte es auch als »Ton-in-Ton«
einstufen) wirken kann.

Schicke Kübelzierden im sanften Farbkontrast

Wandelröschen und Enzianbaum zählen zu den eher
pflegeleichten Vertretern der Kübelpflanzenzunft und
blühen meist recht willig. Beide lassen sich gut als Hochstämmchen ziehen und finden so auch auf kleineren
Balkonen Platz. Der orangefarbene Wandelröschen-Flor
bildet einen hübschen Kontrast zum Violettblau, der
jedoch nicht allzu grell ausfällt. Sehr reizvoll sind Unter-
pflanzungen, die jeweils die »Gegenfarbe« aufgreifen:
beim Wandelröschen z. B. mit Männertreu oder Blauen
Gänseblümchen, beim Enzianbaum etwa mit orangen
Studentenblumen oder Zauberglöckchen.

Idylle im Schatten

Balkone und Terrassen, die wenig von der Sonne verwöhnt werden, lassen sich mit passender Bepflanzung in grüne Wohnzimmer mit ganz eigenem Zauber verwandeln. Helle Fassaden, Bodenbeläge und Möbel sorgen dafür, dass trotz Schatten keine Düsternis aufkommt. Davor heben sich zudem die Blattschmuck-pflanzen wie Funkien oder Buchs besonders schön ab. Zu farbigen Blütenakzenten verhelfen Astilben und Fuchsien als wahre Schattenkünstler. Wo es nicht gar zu dunkel ist, können Hortensien die Szenerie mit opulenten Blütenbällen oder großen Blütentellern bereichern.

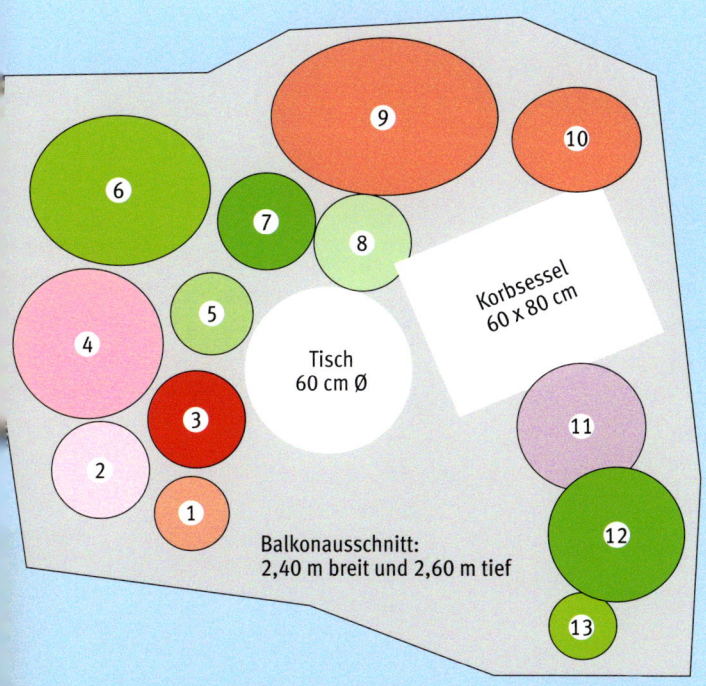

Korbsessel
60 x 80 cm

Tisch
60 cm Ø

Balkonausschnitt:
2,40 m breit und 2,60 m tief

▸ Das brauchen Sie

1. Buntnessel (*Solenostemon* x *scutellarioides*)
2. hellrosa Astilbe (*Astilbe*-Hybride)
3. dunkelrote Astilbe (*Astilbe*-Hybride)
4. rosa Hortensie (*Hydrangea macrophylla*)
5. weißgrüner Efeu (*Hedera helix*), auf Blumenständer platziert
6. Pfeifenstrauch (*Philadelphus*-Hybride), im angrenzenden Boden gepflanzt
7. Buchs (*Buxus sempervirens*), kegelförmig formiert
8. Buntnessel (*Solenostemon* x *scutellaroides*)
9. rote Fuchsie (*Fuchsia*-Hybride), Hochstämmchen
10. rote Fuchsie (*Fuchsia*-Hybride), Hochstämmchen
11. hellviolette Hortensie (*Hydrangea macrophylla*)
12. Weißrandfunkie (*Hosta sieboldii*)
13. Funkie (*Hosta* 'Moonlight')

▸ So pflanzen Sie:

Bis auf die Buntnesseln sind alle Pflanzen mehrjährig. Sie entfalten ihre volle Pracht erst einige Jahre nach dem Eintopfen. Wenn Sie schon recht große, gut entwickelte Jungpflanzen wählen, geht das etwas schneller; kleinere Pflanzen sind allerdings preiswerter.

● Astilben, Funkien, Buchs und Efeu können Sie im Prinzip vom Frühjahr bis zum Herbst eintopfen und nach draußen stellen. Am besten eignet sich jedoch das späte Frühjahr, ab etwa Mitte April. Die Hortensien sind kälteempfindlicher und kommen besser erst ab Anfang oder Mitte Mai nach draußen.

● Die Fuchsien und die Buntnessel dürfen erst ab Mitte Mai ins Freie. Sie werden also frühestens im April gekauft und, falls nötig, in neue Gefäße gesetzt.

● Topfen Sie alle Gewächse, besonders aber die Gehölze und Fuchsien, in gute, hochwertige Erde und bringen Sie zuvor auf dem Topfboden eine 2–3 cm hohe Dränageschicht, z. B. aus Blähton, aus.

● Der Pfeifenstrauch, der hier als Umgebungsbepflanzung der Terrasse hereinragt, bildet eine hübsche dunkelgrüne Kulisse. Ein sehr schöner und auch für große Balkone geeigneter Ersatz dafür wäre ein Lorbeerbaum im Kübel.

▸ Expertentipp

Topfen Sie die Hortensien in Rhododendronerde oder anderes saures Substrat.

▸ So pflegen Sie:

Frühjahr: Topfen Sie ab März Kübelpflanzen und Stauden um, je nach Wuchsstärke alle 1–3 Jahre. Stutzen Sie überlange Fuchsientriebe; kürzen Sie einige Vorjahrstriebe auf 3 Knospen ein.

Sommer: Im Schatten trocknet die Erde nicht so schnell aus. Prüfen Sie deshalb vor dem Gießen stets die Substratfeuchte. Entfernen Sie welke Blüten, kürzen Sie vorwitzige Triebe beim Buchs ein.

Herbst: Räumen Sie Kübelpflanzen vor den ersten Frösten ein, in rauen Lagen auch junge Buchsbäumchen und Funkien. Die Astilben können mit etwas Winterschutz draußen bleiben.

Winter: Sehen Sie regelmäßig nach den Pflanzen im Winterquartier. Bei strengem Frost sollten Sie die Töpfe draußen stehender Gewächse gut isolieren, notfalls die ganzen Pflanzen abdecken.

Balkonkästen – Bepflanzungen mit Pfiff

Es gibt viele reizvolle Möglichkeiten, Blumen in Szene zu setzen. Topfarrangements, Ampeln oder gemischt bepflanzte Schalen beispielsweise sorgen für ein abwechslungsreiches Bild. Dennoch sind Balkonkästen fast unentbehrlich, und ihre Bepflanzung gehört gewissermaßen zu den Königsdisziplinen der Gestaltung. Dies nicht, weil es so schwer wäre, hübsche Arrangements zu schaffen – doch selbst passionierte »Balkonier« sind immer wieder auf der Suche nach Kombinationen mit dem gewissen Etwas.

Ob man bestimmte Bepflanzungen besonders reizvoll findet, ist natürlich Geschmacksache. Ich habe auch schon öfter die Erfahrung gemacht, dass manches beim Nachpflanzen nicht ganz so attraktiv wirkt wie vorher auf den Fotos – oder aber umgekehrt, dass bestimmte Pflanzideen »live« viel mehr hermachen als auf Bildern. Sie werden zudem bald feststellen, dass Bepflanzungen stets etwas Dynamisches sind: Sie verändern sich im Lauf des Sommers, und je nach Standort und Wetter entwickeln sich die einzelnen Pflanzen teils ganz unterschiedlich.

Etwas Beschattung genehm

Die Knollenbegonien, deren prachtvolle Blüten hier das Sagen haben, halten es zwar auch in der Sonne aus, doch pralle Hitze bekommt ihnen gar nicht. Ein halbschattiger Platz ist optimal; das vertragen auch ihre Kompagnons, nämlich weißer Duftsteinrich, blauvioletter Männertreu und rosa Hängeverbenen. Mit ihren herabwallenden Trieben und dem filigranen Flor unterstützen sie die auffälligen Begonienblüten geradezu vorbildlich. Wenn Sie die eher sonnenliebenden Verbenen weglassen oder z. B. durch Efeu ersetzen, können Sie den Kasten sogar noch etwas stärker in den Schatten rücken.

Für sonnige Plätze und sonnige Stimmung

Sattrote Pelargonien und gelber Zweizahn sorgen in diesem Kasten für die warmen, kräftigen Farben. Damit es nicht gar zu bunt wird, steuern Verwandte der bekannten Strohblume dezentere Töne bei: links das Lakritz- oder Silberkraut (*Helichrysum petiolare*), rechts das würzige Currykraut (*Helichrysum italicum*). Beide sind so genannte Struktur- oder Blattschmuckpflanzen, das Currykraut kann auch als Gewürz verwendet werden (Seite 116).

Diese Bepflanzung verträgt reichlich Sonne, nimmt es nicht allzu krumm, wenn Sie mal nicht zum Gießen kommen, lässt sich aber auch durch einige Regentage nicht die Stimmung und den Flor vermiesen.

Feuerrote Leuchtkraft

Auch in dieser Kombination sind Knollenbegonien, dies-mal in Feuerrot, die Stars. Mit gelben Pantoffelblumen, blauvioletten Hängeverbenen und blauem Mehlsalbei (*Salvia farinacea*) bilden sie einen hübschen Farbdrei-klang. Begonien und Pantoffelblumen mögen Halbschat-ten, Verbenen und Mehlsalbei dulden ihn noch; zu düster sollten sie jedoch nicht stehen.

▶ *Expertentipp*

> *Bei sonnigem Stand brauchen die Begonien reichlich Wasser; das Sub-strat darf aber nicht dauernass sein.*

Pures Petunien-Vergnügen

Feinsinnige Überlegungen zur Pflanzenanordnung wer-den entbehrlich, wenn man ganz auf die Blütenpower von Surfinia-Petunien baut: zwei »gleich starke« Partner, die sich im Hell-Dunkel-Kontrast von Weiß und Violett gegenseitig in der Wirkung verstärken. Das Ensemble verträgt auch leichte Beschattung und blüht selbst in Regenperioden unverdrossen.

▶ *Expertentipp*

> *Da zwei Exemplare der wüchsigen Surfinien genügen, können Sie die Pflanzen ruhig etwas weiter, mit gut 40 cm Abstand einsetzen.*

Vornehmes in Pink und Rosa

Die zweifarbige Petunie 'Sofia' ist das Herzstück dieses noblen Arrangements mit einem Hauch Romantik. Gesäumt wird sie von Verbenen in verschiedenen Rosa-tönen, der weiß gezeichnete Efeu lockert optisch auf. Wenn Ihnen das zu viel an Pink ist, können Sie z. B. einige der Verbenen durch weiße Zauberglöckchen oder Pelargonien ersetzen. Mir würden hier auch ein paar gelbe Farbtupfer gefallen, etwa in Form von Löwenmäul-chen oder Goldtaler.

Pflanzenspaß im Herbst und Winter

Wenn die ersten Sommerblumen all-mählich verblühen, wird es Zeit für die nächste Bepflanzungsrunde – sofern Sie Lust auf späten Pflanzenschmuck haben. Ich kann nur dazu raten, we-nigstens ein paar Gefäße mit herbst- und winterschönen Pflanzen zu bestü-cken: Die erweisen sich oft als regel-rechte Lichtblicke während der kalten, oft düsteren Jahreszeiten.

Die ersten Herbstblüher wie Herbst-chrysanthemen, Kissenastern, Fetthen-ne, Topf- und Besenheide wetteifern noch mit manchen lange blühenden Sommerblumen. Doch im Vergleich zu jenen wirken sie jetzt wie frisch einge-wechselte Reservespieler beim Fußball: Voller Elan zeigen sie ihr Bestes und lassen sich meist auch von den ersten leichten Frösten nicht beirren.

Doch je später das Jahr, desto kleiner wird die Auswahl an Blühern. Nun treten Blatt- und Fruchtschmuckge-wächse umso mehr in den Vorder-grund. Der Fachhandel hat in den letz-ten Jahren sein Herbst- und Wintersor-timent stark erweitert, mit zahlrei-chen silbrig, bläulich, rötlich oder bunt belaubten, winterharten Pflanzen. Am besten sehen Sie sich im Herbst in den Gärtnereien um, hier gibt es manch Neues und Attraktives zu entdecken.

Leuchtendes Spätjahr

Wenn Sie Balkon und Terrasse im Spätjahr noch einmal in kräftige Blütenfarben tauchen möchten, leis-ten Ihnen Herbstchrysanthemen die besten Dienste. Ob Rot, Gelb oder intensives Pink – Chrysanthemen haben alles im Repertoire und sind zudem in ganz unterschiedlichen Wuchshöhen erhältlich.

Kissenastern sind ein weiterer be-liebter Herbstschmuck mit auffälli-gen Blüten, hier mit einer rosafarbe-nen Sorte vertreten. Persönlich finde ich es etwas schade, dass die Balkon-astern hauptsächlich in Rosatönen angeboten werden, denn es gibt un-ter ihnen auch blaue Züchtungen. Und gerade das Blau ist im Herbst eine Rarität, Rosa dagegen allgegen-wärtig, nicht zuletzt bei den ver-schiedenen Heide-Arten.

Meine »Geheimtipps« für Liebhaber blauer Spätjahrstöne: die Bartblume (*Caryopteris* x *clandonensis*), ein kleiner Strauch, und *Ceratostigma plumbaginoides*, eine winterharte Bleiwurz-Verwandte, die in letzter Zeit häufiger angeboten wird.

Die Pracht der Chrysanthemen währt oft bis in den November hi-nein, stärkere Fröste vertragen sie jedoch nicht. Wenn Sie die Pflanzen in den ersten kalten Nächten mit Vlies oder Folie abdecken, können Sie sich oft noch etliche Tage an den Blüten erfreuen.

Der rotfrüchtige Korallenstrauch (*Solanum pseudocapsicum*), der in diesem Arrangement die Chrysan-themen begleitet, muss dagegen frühzeitig vor Frostbeginn ins Haus gebracht werden.

Aparte Herbstschönheit

Glutrote Alpenveilchen (*Cyclamen persicum*) ziehen bei diesem Herbstarrangement alle Blicke auf sich. Wunderschön begleitet werden sie von den rosa Früchten einer Topfmyrte (*Gaultheria mucronata*) und dem silbrigen Gewirr einer Stacheldrahtpflanze (*Calocephalus brownii*). Die Bepflanzung gedeiht im Halbschatten am besten. Mehr und mehr scheinen sich Alpenveilchen, bislang hauptsächlich Zimmerpflanzen, als Herbstschmuck auf dem Balkon zu etablieren. Vor allem die Gruppe der Midi-Cyclamen mit mittelgroßen, sich gleichmäßig öffnenden Blüten hat sich für Pflanzungen draußen bewährt. In milden Wintern blühen sie teils noch im Dezember, starke Fröste können die Pracht jedoch vorzeitig beenden. Vorsicht, gießen Sie nicht direkt auf die Knollen!

Zierde mit Langzeitwirkung

Schon im Frühherbst ist diese Kombination für halbschattige bis sonnige Plätze ein Augenschmaus, der bis in den Winter hinein anhält. Die lange haftenden Beeren des Feuerdorns (*Pyracantha*-Hybride) lassen sich von etwas Frost oder ersten Schneeflocken nicht schrecken, ebenso wenig die Besenheide, die je nach Sorte bis in den Dezember hinein blüht. Doch auch danach haben beide Pflanzen mit ihrem immergrünen Laub noch etwas zu bieten. Auffälligeren Blattschmuck zeigen allerdings der weiß gerandete Efeu und der rötlich überhauchte Günsel, beide ebenfalls immergrün.

▶ *Expertentipp*

Wenn starke Fröste drohen, ist ein Rundumschutz des Topfes ratsam.

Nicht nur zur Weihnachtszeit

Nadelbäumchen mit ihren schmucken Gestalten sind robuste, beliebte Winterzierden und können in genügend großen Gefäßen über Jahre kultiviert werden. Großblättrige Immergrüne wie der Kirschlorbeer (*Prunus laurocerasus*) sorgen für Abwechslung.
Weitere attraktive Begleiter wären z. B. eine Skimmie mit dunkelgrünem Laub und roten Früchten, Schneeheiden mit roten, rosa und weißen Blüten oder winterharte Blattschmuckpflanzen wie buntblättriger Salbei (*Salvia officinalis*) oder Silberzapfen (*Helichrysum thianschanicum*).

▶ *Expertentipp*

Gießen Sie die Immergrünen gelegentlich an frostfreien Tagen.

Mit einem Hauch Romantik

Wo Rosa und helle Violetttöne dominieren, entsteht eine ganz besondere Atmosphäre: zart, leicht, auch ein wenig verspielt oder verträumt, zugleich freundlich und fröhlich. Man muss kein ausgesprochener Romantiker sein, um sich in diesem Ambiente wohl zu fühlen. Aber freilich darf man hier auch ganz nach Belieben der Alltagshektik »entrücken« und die Seele baumeln lassen. Beruhigende Grüntöne unterstützen die entspannende Wirkung, und gerade das dunkle Grün, wie es hier die Eibe beisteuert, bringt die sanften Blütenfarben besonders gut zur Geltung

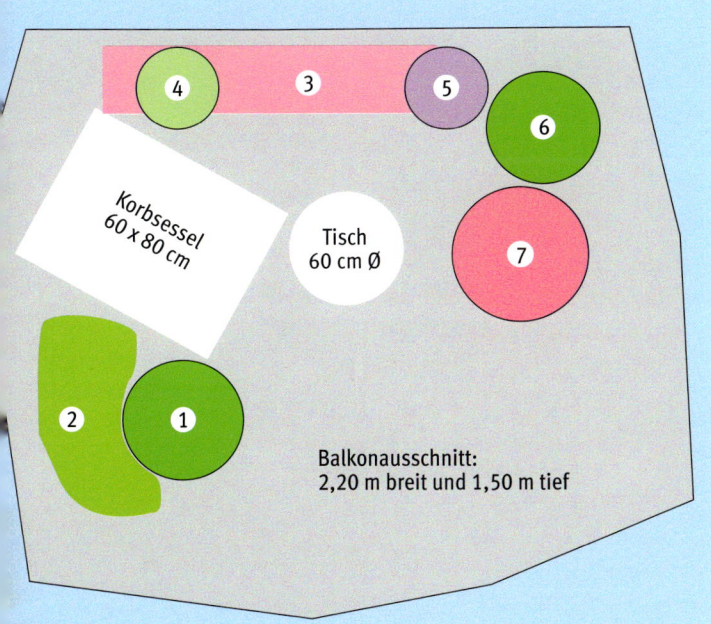

Korbsessel
60 x 80 cm

Tisch
60 cm Ø

Balkonausschnitt:
2,20 m breit und 1,50 m tief

Das brauchen Sie:

1. Weißrandfunkie (*Hosta sieboldii*)
2. Bergwaldrebe (*Clematis montana*)
3. Balkonkasten, 120 cm lang, mit 5 rosa Zonal-Pelargonien (*Pelargonium-Zonale*-Hybriden), 1 Schneeflockenblume (*Sutera diffusus*), 4 zartvioletten Elfenspornen (*Diascia*-Hybriden)
4. Ampel mit Blauem Gänseblümchen (*Brachyscome iberidifolia*)
5. Ampel mit 1 blauvioletten Hängeverbene (*Verbena*-Hybride, Tapie)
6. Säuleneibe (*Taxus baccata* 'Fastigiata')
7. breiter Kübel, etwa 60 cm Ø, mit 3 zartrosa Ziertabak (*Nicotiana* x *sanderae*), 4–5 rosa Fleißigen Lieschen (*Impatiens walleriana*), 4–5 hell violettblauen Männertreu (*Lobelia erinus*)

So pflanzen Sie:

Hier stehen die einjährigen Sommerblumen im Mittelpunkt, Hauptpflanzzeit ist also Anfang bis Mitte Mai.

● Beginnen Sie beim Bepflanzen des Kastens mit der mittleren Pelargonie in der hinteren Reihe. Setzen Sie dann die anderen Pelargonien links und rechts mit je 25 cm Abstand. Nun kommt die Schneeflockenblume recht nah am vorderen Kastenrand direkt vor die mittlere Pelargonie, die Elfensporne setzen Sie jeweils »auf Lücke« vor die anderen Pelargonien.

● Setzen Sie im Kübel zuerst die Ziertabakpflanzen ein, als Gruppe an einer Seite des Gefäßes; um sie herum kommen dann in etwa halbkreisförmiger Anordnung die Fleißigen Lieschen und anschließend an den Rändern die Männertreu.

● Die mehrjährigen Gewächse wie Eibe und Funkie kaufen Sie am besten als Containerware oder speziell ausgewiesene Topfpflanzen. Sie können schon ab April in geeignete Gefäße gepflanzt und nach draußen gestellt werden.

Expertentipp

Ampeln ohne Wasserablauf verwenden Sie am besten als Übergefäße, die Pflanzen werden dann in passenden Kunstofftöpfen mit Wasserabzugsloch eingesetzt. Füllen Sie zuvor unten etwas Blähton auf oder legen Sie eine Wasserspeichermatte ein.

So pflegen Sie:

Frühjahr: Sofern Sie die Sommerblumen nicht selbst vorziehen, gibt es bis zur Pflanzzeit im Mai wenig zu tun. Sie brauchen lediglich die Funkie und die Eibe alle paar Jahre umzutopfen.

Sommer: Gießen, welke Blüten entfernen und alle 1–3 Wochen düngen – der Aufwand hält sich in Grenzen. Wässern Sie besonders die Ampelpflanzen stets mit Fingerspitzengefühl, um sie nicht zu stark zu vernässen.

Herbst: Solange sie noch jung sind, sollte man Eibe und Funkie bei den ersten Frösten im Auge behalten und, wenn nötig, mit Winterschutz versehen; die Funkie im Zweifelsfall drinnen hell und kühl überwintern.

Winter: Prüfen Sie ab und zu die Substratfeuchte von Eibe und Funkie und gießen Sie, falls nötig, an frostfreien Tagen.

Duftoasen auf Balkon und Terrasse

Schon das bekannte, verbreitete Sortiment an Balkon- und Kübelpflanzen umfasst etliche Vertreter, die zumindest einen leichten Duft verströmen. Wenn Sie besonderen Gefallen an pflanzlichen Wohlgerüchen finden, werden Sie bald auf weitere, nicht ganz alltägliche Gewächse stoßen, die intensiv der Nase schmeicheln. Manche Gärtnereien und Pflanzenversender haben sich eigens auf Duftpflanzen spezialisiert und führen eine Vielzahl teils ungewöhnlicher Arten im Programm.

Grundsätzlich unterscheidet man zwei Gruppen: Da gibt es einmal die Blütendufter, von denen manche erst abends zur vollen Form auflaufen, weil sie Nachtfalter zur Bestäubung anlocken wollen. Zum andern verwöhnen uns Blattdufter mit angenehmen Aromen; so richtig entfalten sich diese aber meist erst bei Berührung, dehalb nennt man sie auch Kontaktdufter.

Leider sind Besitzer lichtarmer Balkone hier ein wenig im Nachteil. Gerade die Blattdufter entfalten ihr Aroma oft am stärksten in der vollen Sonne. Doch manche Blütendufter sorgen durchaus noch im Halbschatten für betörenden Wohlgerüche, so etwa Engelstrompete, Duftsteinrich, Duftwicke oder Nachtkerze (Oenothera), das Geißblatt (Lonicera) sogar im Schatten.

Genießer-Balkon: Augenweiden und Dufterlebnisse

Auf diesem Balkon wird das Entspannen zum Sinnenerlebnis: Die Lilien links und rechts des Stuhls duften abends besonders intensiv, ebenso das Ziertabak-Ensemble im Kasten dahinter. Tagsüber verwöhnen Duftwicken und 'Surfinia'-Petunien (in den Ampeln) die Nase mit blumig zartem Aroma. Eher herb, aber ebenfalls angenehm riecht die Perovskie (*Perovskia*) mit den blauvioletten Blütenkerzen. Eine besondere Duftschönheit ist der Sternjasmin (*Trachelospermum jasminoides*; im Bild links oben), eine Kübelpflanze mit rankenden Trieben und weißen Blütchen.

Duftpelargonien (rechts vorn) gibt es – je nach Art und Sorte – mit den verschiedensten Geruchsnoten, von Rosenduft bis herb-balsamisch. Die meisten blühen weit weniger üppig als die üblichen Pelargonien, präsentieren sich dem Auge oft aber auch als Blattschmuckpflanze.

Diese Bepflanzung ist nicht nur optisch, sondern auch nach Duftnoten fein aufeinander abgestimmt. Da gibt es blumige und würzige, schwere und frische Gerüche, doch keiner drängt sich allzu stark in den Vordergrund. Trotzdem kann das manchem schon zu viel des Guten sein. Ich empfehle deshalb für den Einstieg eher zurückhaltende Duft-Kompositionen, mit höchstens zwei oder drei ausgeprägt duftenden Gewächsen in einer Ecke des Balkons oder der Terrasse.

Duftende Bekannte und ungewöhnliche Nasenschmeichler

Ein hochwüchsiger Ziertabak (*Nicotiana alata*) leuchtet hier mit weißen Blüten den Sitzplatz aus. Während die niedrigen Ziertabak-Hybriden (*Nicotiana* x *sanderae*) oft eher bescheiden duften, entfaltet diese Art vor allem abends einen schweren, süßen Wohlgeruch. Ähnlich die violette Vanilleblume daneben. Ausgefallenere Begleiter sind ein rot blühender Salbei (*Salvia coccinea*) und *Salvia rutilans*, dessen Blätter nach Ananas duften. Die kleine helle Blütenwolke vorn gehört *Calamintha nepetoides*, einer Kräuterschönheit mit Minzeduft.

Betörender Wohlgeruch für späte Stunden

Die Vanilleblume mit ihren herrlichen violetten Blüten können Sie auch als kompaktes Hochstämmchen kaufen oder selbst ziehen. Ihr vanilleähnlicher Duft wird gegen Abend am intensivsten. Schwer, blumig und süß duftet die weiß blühende Tuberose (*Polianthes tuberosa*) bis in die Nacht hinein. Damit die Nase auch tagsüber auf ihre Kosten kommt, wurde hier ein farblich sehr schön passender Lavendel hinzugesellt.

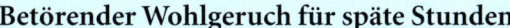 **Expertentipp**

Tuberosen sind mehrjährig. Sie können sie drinnen hell und kühl überwintern.

Zwischen Wicken und Kräutern: Hier liegt Duft in der Luft

Duftwicken bieten am Sitzplatz nicht nur blumig zarten Wohlgeruch, sondern sorgen zudem als einjährige Schnellkletterer für Sichtschutz. Dazu gesellen sich verschiedene Kräuter; hierbei können Sie ganz nach bevorzugter Geruchs- und Geschmacksnote z. B. Thymian, Rosmarin, Lavendel oder Oregano wählen. Sie sorgen im Verein mit der Duftwicke für ein leicht mediterranes Flair und entfalten ihr würziges Aroma an sonnigen Tagen besonders intensiv.

Balkonspaß mit mediterranem Flair

Olivenbaum, Lavendel, Granatapfel, Palme – da kann man sich an einem sonnigen Tag leicht ans Mittel-meer träumen oder auch einfach mal Urlaub »auf Balkonien« machen. Und italienische Gaumengenüsse oder französische Rotweine munden in solch einer Umgebung besonders gut. Doch Assoziationen mit südländischer Lebensfreude sind nur eine angenehme Nebenwirkung: Mediterran gestaltete Balkone und Terrassen bezaubern allein schon durch das besondere Flair der mediterranen Pflanzenwelt. Dabei sind es in erster Linie charakteristische Kübelpflanzen, die den Traum vom Süden verkörpern.

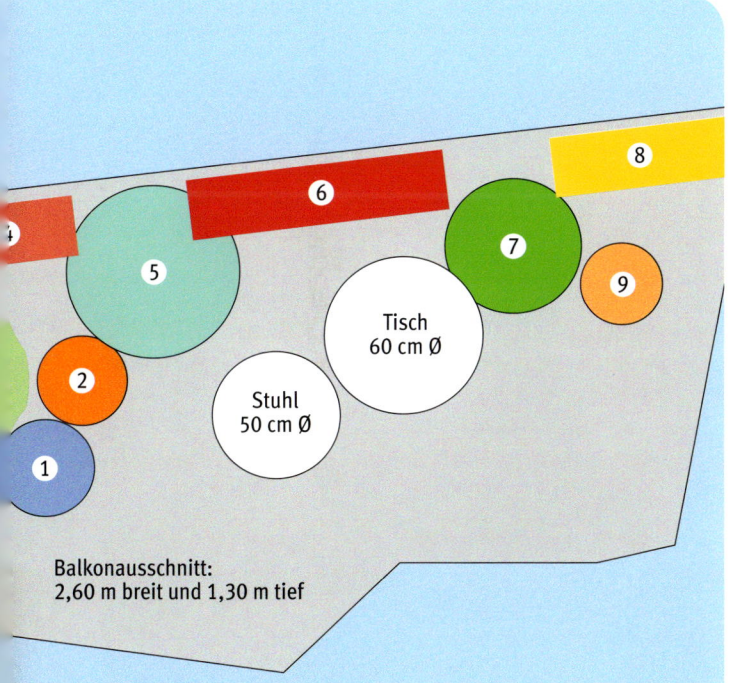

Balkonausschnitt:
2,60 m breit und 1,30 m tief

Das brauchen Sie:

1. Lavendel (*Lavandula angustifolia*)
2. orangerotes Indisches Blumenrohr (*Canna-Indica-Hybride*)
3. Weinrebe (*Vitis vinifera* ssp. *vinifera*)
4. Balkonkasten, 80–100 cm lang, mit roten Portulakröschen und gelben Kapkörbchen
5. Olivenbaum (*Olea europaea*)
6. Balkonkasten, 80–100 cm lang, mit roten Pelargonien, violetten Petunien und gelbem Goldtaler
7. Washingtonie (*Washingtonia filifera*)
8. Balkonkasten, 60–80 cm lang, mit 2–3 Zweizahn (*Bidens ferulifolia*)
9. Granatapfel-Hochstämmchen (*Punica granatum*)

So pflanzen Sie:

Bei den Kübelpflanzen steht zunächst einmal das Einkaufen an, dies vorzugsweise im Mai; dann können sie gleich Frischluft am neuen Standort schnuppern.

● Gut gepflegte Kübelpflanzen aus dem Fachhandel haben meist schon genügend große Töpfe; falls Sie nicht gleich ein anderes Gefäß wünschen, können Sie mit dem Umtopfen noch 1–2 Jahre warten.

● Wenn Sie den Olivenbaum, den Lavendel und das Blumenrohr neu eintopfen, sollten Sie unbedingt für gute Dränage im Topf sorgen. Am besten vermischen Sie zudem das Substrat mit etwas Sand.

● Weinreben lassen sich zumindest einige Jahre lang recht gut in genügend großen Kübeln ziehen. Sie sind jedoch recht kälteempfindlich; pflanzen Sie deshalb erst ab etwa Mitte Mai. Die jungen Triebe werden am besten gleich an der Fassade oder einem Rankgerüst befestigt und hoch geleitet.

● Die Balkonkästen werden zum bewährten Termin etwa Mitte Mai bepflanzt. Achten Sie auf die nötigen Pflanzabstände. Einige der hier verwendeten Arten wie Hängepetunie, Goldtaler und Zweizahn sind recht starkwüchsig.

Expertentipp

Stellen Sie die junge Washingtonie in den ersten Jahren an einen leicht beschatteten Platz; später verträgt sie volle Sonne.

So pflegen Sie:

Frühjahr: Von März bis Mai ist Umtopfzeit. Den Olivenbaum alle 1–2 Jahre leicht zurück schneiden, den Lavendel um etwa 1/3 einkürzen. Ab Mitte Mai kommen die Pflanzen ins Freie.

Sommer: Granatapfel, Washingtonie, Blumenrohr und besonders Zweizahn brauchen recht viel Wasser, der Lavendel dagegen wenig (nur die Erde nicht ganz austrocknen lassen).

Herbst: Vor den ersten Frösten alle Kübelpflanzen einräumen. Der Lavendel kann mit leichtem Winterschutz im Freien bleiben. Die Weinrebe sollte in den ersten Jahren gut geschützt werden.

Winter: Kontrollieren Sie regelmäßig die Kübelpflanzen und achten Sie darauf, dass das Substrat nicht völlig austrocknet.

Töpfe und Kübel mischen mit

Neben den Pflanzen selbst sind attraktive Gefäße die wichtigsten Elemente bei der Balkon- und Terrassengestaltung. Sie bestimmen oft entscheidend mit, wie sich die Bepflanzungen präsentieren, und setzen nicht selten ganz eigene Akzente.

Durch Wahl bestimmter Gefäßmaterialien, -farben und -formen können Sie Ihren bevorzugten Gestaltungsstil betonen: Zum ländlich nostalgischen Bild z. B. passen einfache Tontöpfe, Holzgefäße und Weidenkörbe; zum eher vornehmen Ambiente weiß, schwarz oder dunkelblau getönte Töpfe oder moderne Metallgefäße. Doch auch wenn Sie Ihr grünes Wohnzimmer nicht perfekt »durchstylen« wollen, trägt eine halbwegs einheitliche Linie bei den Gefäßen zur stimmigen Gestaltung bei. Ein allzu großer Mischmasch an Materialien und Farben dagegen kann selbst eine harmonische Bepflanzung etwas zerfahren wirken lassen. Übrigens müssen ansehnliche Töpfe und Kübel nicht unbedingt aus »edlen« Werkstoffen bestehen. Freilich sind Terrakotta oder hochwertige Keramik eine feine Sache. Aber ich meine, dass sich auch Kunststoffgefäße, die heute in attraktiven Ausführungen angeboten werden, durchaus sehen lassen können. Neben dem günstigeren Preis spricht für sie z. B. auch das recht geringe Gewicht. Zudem sind sie am einfachsten zu reinigen.

Mit Gefäßformen spielen

Schlank, konisch (also übliche Topfform), breit, bauchig oder schließlich flach, bis hin zur Schale – so etwa lassen sich die gängigen Gefäßformen unterteilen, vom Balkonkasten einmal abgesehen.

Durch Verwenden unterschiedlicher Formen können Sie ein sehr abwechslungsreiches Bild erzielen, wie dieses zauberhafte Frühjahrsarrangement zeigt. Unterschiedliche Aufstellungshöhen, hier durch Einsatz einer dekorativen Pflanzensäule, sorgen zusätzlich für eine interessante Anordnung und rücken einzelne Gefäße besonders ins Blickfeld. Bei aller Vielfalt wirkt das Gesamtbild harmonisch, weil Töpfe aus demselben Material und in ähnlichen Farbtönen gewählt wurden. Dies ist übrigens auch ein effektiver »Trick« für schattige Plätze: Wo fast nur noch Fleißige Lieschen, Fuchsien oder Astilben blühen, verhelfen ganz unterschiedliche Topfformen zu größerem Variationsreichtum.

Mit der passenden Gefäßform unterstreichen Sie auch optimal die Wuchsform der jeweiligen Pflanze: z. B. aufstrebende, schmale Arten in schlanken Töpfen oder ausladende, leicht überhängende Gewächse in breiten, bauchigen Kübeln.

Breite Gefäße lassen sich natürlich auch mit mehreren kleinen Pflanzen bestücken, wie in unserem Beispiel der hoch platzierte Topf mit Tausendschön oder die Schale mit blauen Traubenhyazinthen (*Muscari*). Flache Formen bieten sich hier besonders an, weil die Pflanzen kein allzu großes Wurzelwerk ausbilden.

Blütenträume in Terrakotta

Terrakottagefäße bringen stets ein besonderes Flair auf Balkon und Terrasse: Sie sind von natürlicher Schlichtheit und zugleich elegant, vermitteln zudem mediterranes Ambiente. Eigentlich bedeutet Terrakotta nichts anderes als gebrannter Ton ohne Glasur – obwohl preiswerte Terrakotta heute teils auch glasiert angeboten wird. Oft handelt es sich dabei einfach nur um Tontöpfe mit den typischen Verzierungen oder Rillen. Als »echte« (und ziemlich teure) Terrakotta sieht man handgefertigte Gefäße aus der Toskana an, oft mit spezieller rötlicher Färbung. Doch hochwertige Terrakotta gibt es auch in helleren Tönen, wie in unserem Beispiel zu sehen. Qualitätsware entsteht aus besonders geeignetem Ton durch sorgfältiges Brennen und ist in der Regel winterfest.

Töpfe, die Farbe zeigen

Rot – Gelb – Blau, der klassische Farbdreiklang, mit nur zwei grundsätzlich verschiedenen Blütenfarben: Der Topf macht's möglich. Bunte Gefäßfarben binden Sie am besten ein, indem Sie diese wie Blütentöne betrachten und sich dabei an den Empfehlungen für Kombinationen (Seite 129) orientieren. Wenn die Pflanze selbst eher neutral bleibt, z. B. nur mit weißen Blüten, kann es bei der Topfwahl besonders bunt zugehen: Da passt im Grunde alles, was sich nicht mit der restlichen Bepflanzung oder Einrichtung »beißt«.

▶ *Expertentipp*

Vorsicht mit dunklen Gefäßen an sonnigen Plätzen: Sie absorbieren die Sonnenstrahlung, den Pflanzen kann es dadurch zu warm werden.

Amphore mit Taschen

Taschenamphoren – in der rustikaleren, unglasierten Ausführung auch als Erdbeertöpfe bekannt – bieten mit ihren seitlichen »Pflanztaschen« einen originellen Anblick.
Hier ragen an den Seiten helle Blütenbälle von Dahlien hervor, während sich in der Mitte ein noch junges Zauberglöckchen allmählich breit macht. Häufig geht man gerade umgekehrt vor und setzt aufrechte, größere Pflanzen in die Hauptöffnung ein, an den Seiten dagegen Hängegewächse.

▶ *Expertentipp*

Taschenamphoren oder Erdbeertöpfe lassen sich auch sehr schön mit Kräutern bepflanzen – und natürlich mit Erdbeeren.

Blau-gelber Sommertraum

Der markante Gelb-Blau-Kontrast ist bestechend: lebhafte, fröhliche, warme Blütentöne, die im kühlen, beruhigenden Blau der Gefäße und des Interieurs ihren Gegenpol finden. Obwohl Sommerblumen eine wichtige Rolle spielen, verzichtet das Arrangement auf raffiniert kombinierte Kästen, sondern setzt eher auf das Zusammenspiel von Solisten in getrennten Gefäßen. Dadurch wirkt das Ganze auch sehr klar und prägnant, obwohl viele verschiedene Pflanzen auf engem Raum beisammenstehen. Nicht zu unterschätzen sind die weißen Margeriten: Sie machen das Bild weiter und »offener«.

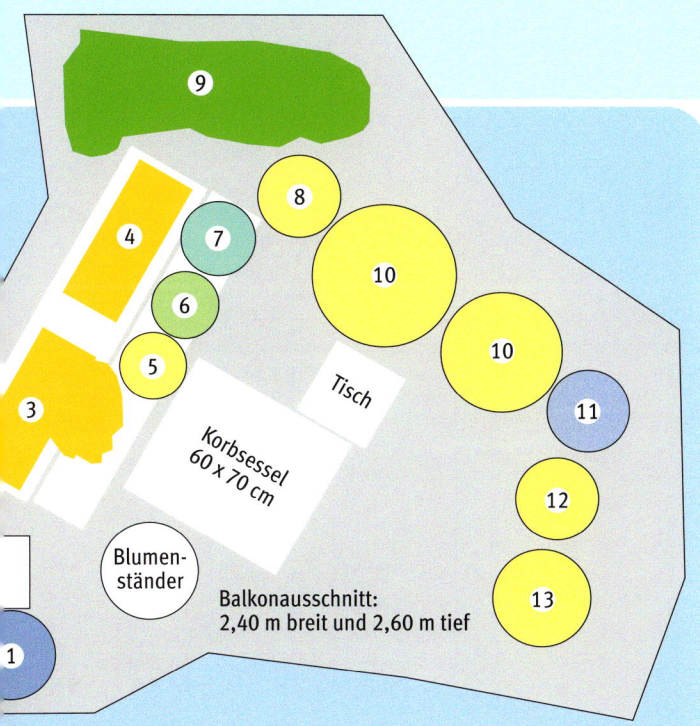

Das brauchen Sie:

1. Boretsch (*Borago officinalis*)
2. Balkonkasten, 80–100 cm lang, mit 4 Gartenmargeriten (*Leucanthemum x superbum*)
3. Balkonkasten, 60 cm lang, mit 3–4 Nachtkerzen (*Oenothera*-Hybriden)
4. Balkonkasten, 60 cm lang, mit 3 gelben Strohblumen (*Helichrysum bracteatum*) und 1 Sonnengold (*Lysimachia congestiflora*)
5. Mädchenauge (*Coreopsis grandiflora*)
6. Sedum (*Sedum floriferum*)
7. Salbei (*Salvia officinalis*)
8. gelbe Strohblumen (*Helichrysum bracteatum*)
9. Pfeifenwinde (*Aristolochia macrophylla*)
10. Sonnenblumen (*Helianthus annuus*)
11. Rittersporn (*Delphinium*-Hybride)
12. Mädchenauge (*Coreopsis grandiflora*)
13. Nachtkerzen (*Oenothera*-Hybriden)

So pflanzen Sie:

Bei dieser Gestaltung haben Sie im Mai alle Hände voll zu tun, da die zahlreichen Sommerblumen zur Monatsmitte nach draußen kommen. Mädchenauge, Rittersporn und Pfeifenwinde können Sie schon etwas früher einpflanzen.

● Wählen Sie für die Sonnenblumen sowie für die Pfeifenwinde von vornherein großzügig bemessene Kübel. Bei den Sonnenblumen kommt das nicht nur dem Wachstum, sondern später auch der Standfestigkeit zugute.

● Da die meisten Pflanzen in separate Gefäße gesetzt werden, ist die Gestaltung sehr flexibel. Sie können das Arrangement noch während des Sommers fast beliebig umstellen, ergänzen oder auch nicht gefallende Pflanzen gegen andere austauschen.

● Platzieren Sie die Pflanzen so auf dem Regal, dass alle möglichst viel Sonne abbekommen. Wenn die »niederen Ränge« deutlich weniger Licht genießen, bieten sich hier eher halbschattenverträgliche Arten an, z. B. Pantoffelblume, gelbe Knollenbegonien oder Efeu. Auch die (abends duftenden) Nachtkerzen dulden leichte Beschattung.

Expertentipp

Die Pfeifenwinde, eine attraktive Schlingpflanze, wächst anfangs recht langsam, legt aber dann nach einigen Jahren kräftig zu. Wenn Sie sie gelegentlich entspitzen, verzweigt sie sich besser.

So pflegen Sie:

Frühjahr: Die Saison beginnt bei dieser Gestaltung erst mit dem Pflanzen im April/Mai. Vorher fallen nur die eigene Anzucht oder das Anbringen einer Kletterstütze für die Pfeifenwinde an.

Sommer: Die Pflege beschränkt sich hauptsächlich auf Gießen, Ausputzen welker Blüten und Düngen. Die Sonnenblumen benötigen einen Stützstab im Topf, um sie daran aufzubinden.

Herbst: Mädchenauge, Rittersporn und auch die Nachtkerze können drinnen hell und kühl überwintert werden. Die Pfeifenwinde bleibt draußen, am besten mit gut isoliertem Kübel.

Winter: Schauen Sie ab und an nach den überwinternden Pflanzen und lassen Sie das Substrat nicht ganz austrocknen.

Erklärung der Fachausdrücke

Art: bezeichnet in der botanischen Gliederung des Pflanzenreichs die »Pflanze als solche«. Feuersalbei *(Salvia splendens)* und Echter Salbei *(Salvia officinalis)* z. B. sind zwei deutlich unterscheidbare Arten der → Gattung Salbei *(Salvia)*, von denen es jeweils wieder verschiedene → Sorten gibt. Die Individuen einer Art stimmen in allen wesentlichen Merkmalen miteinander überein. Auch → botanischer Name

Auge: andere Bezeichnung für eine Knospe, also einen durch Blättchen geschützten Wachstumspunkt

Ballen: die Erde rund um die Wurzeln, die durch Seitenwurzeln und das Geflecht aus Feinwurzeln zusammengehalten wird

Blähton: durch Brennen bei hohen Temperaturen aufgeblähte Tonkügelchen, die als → Substrat bei Hydrokultur Verwendung finden. Die leichten Kügelchen eignen sich gut als Wasser ausgleichende Dränage in Töpfen und Kästen

botanischer Name: dieser wissenschaftliche Pflanzenname setzt sich aus dem groß geschriebenen Gattungsnamen (z. B. *Bellis*) und dem klein geschriebenen Artnamen (z. B. *perennis*) zusammen (→ Art, → Gattung). Der botanische Name *Bellis perennis* benennt international verständlich und zweifelsfrei das Gänseblümchen oder Tausendschön, das umgangssprachlich noch viele weitere Bezeichnungen wie etwa Maßliebchen trägt. Der zweiteilige botanische Namen kann durch Angaben zu einer Varietät (Abkürzung var.), einer Unterart (Subspezies, Abkürzung subsp. oder ssp.) oder Form (Abkürzung f.) ergänzt werden

Containerpflanze: besondere Angebotsform bei Gehölz- und Stauden-Jungpflanzen. Solche Pflanzen werden in der Gärtnerei von vornherein in Plastiktöpfen angezogen. Sie haben einen kompakten, gut durchwurzelten Ballen und lassen sich fast das ganze Jahr über pflanzen

einfach blühend: Blüte mit nur einem Kreis von Blütenblättern, der die Staubblätter und Stempel umhüllt, wie z. B. bei Wildrosen

Einjährige: »echte« einjährige Pflanzen kommen im Jahr der Aussaat zur Blüte und, soweit man sie lässt, zur Samenbildung; danach sterben sie ab. Hierzu zählen neben zahlreichen Sommerblumen viele Gemüse und Kräuter. Unter den Balkonblumen gibt es aber auch viele Pflanzen, die in ihrer wärmeren Heimat als → Stauden, → Halbsträucher oder Sträucher wachsen, bei uns jedoch nur einjährig gezogen werden

Eisheilige: Tage zwischen dem 12. und 15. Mai, benannt nach den Kalenderheiligen Pankratius, Servatius, Bonifatius und Sophia. Um diese Zeit stellten sich früher sehr regelmäßig noch einmal Nachtfröste ein. Nach der Wetterstatistik ist das heutzutage seltener der Fall; trotzdem hat sich der Termin »nach den Eisheiligen« als Stichtag für das Ausräumen von Kästen und Kübelpflanzen bewährt. Auch im letzten Monatsdrittel (ab 20. Mai) tritt häufig nochmals nasskalte Witterung auf, was bei empfindlichen Pflanzen zu beachten ist

Flor: Blüte, Gesamtheit der Blüten. Bei manchen Pflanzen kann man deutlich eine Phase des Hauptflors und einen etwas schwächeren Nachflor unterscheiden

Gattung: in der botanischen Gliederung des Pflanzenreichs eine Gruppe von → Arten mit einer Reihe von gemeinsamen Merkmalen. Verschiedene Arten derselben Gattung können oft miteinander gekreuzt werden (→Hybride)

gefüllt blühend: Blüte mit mehreren Blütenblattkreisen; anders als bei → einfach blühenden Pflanzen kommen nach innen weitere Blütenblattkreise hinzu. Je nach deren Anzahl wirken die Blüten halb oder ganz gefüllt und dadurch mehr oder weniger üppig

Geranien: verbreitete Bezeichnung für Pelargonien, die streng genommen falsch ist. Die seit Jahrhunderten beliebten Pflanzen wurden anfangs als Storchschnabel-Art (Gattung *Geranium*) angesehen, doch schon seit 1789 zählen sie botanisch zur Gattung *Pelargonium*

halbimmergrün: so nennt man Gehölze, die bei genügend Wärme und Licht über Winter ihr Laub behalten, es jedoch unter ungünstigen Bedingungen abwerfen

halbreife Stecklinge: leicht verholzte → Stecklinge, deren Rinde aber noch nicht ganz hart ist. Bei manchen Gehölzen und Kübelpflanzen das optimale Stadium für den Stecklingsschnitt (Seite 38/39)

Halbschatten: kennzeichnet einen Pflanzenstandort, der entweder etwa die Hälfte des Tages im Schatten liegt oder ganztägig leicht beschattet ist

Halbsträucher: mehrjährige Pflanzen, bei denen die Sprossbasis mit der Zeit verholzt, die oberen Sprossteile dagegen krautig bleiben, z. B. Lavendel oder Pelargonien

Hauptnährstoffe: mineralische Nährstoffe, die Pflanzen in größeren Mengen benötigen: Stickstoff (Abkürzung N), Phosphor (P), Kalium (K), außerdem Magnesium (Mg), Kalk bzw. Calcium (Ca) und Schwefel (S). Teils wird auch Eisen (Fe) dazugerechnet (auch → Spurennährstoffe)

Hybride: Kreuzung aus zwei oder mehr → Arten, die die Vorzüge ihrer unterschiedlichen Eltern in sich vereint, z. B. die *Petunia*-Hybriden. Solche Hybriden sind wie eigenständige Arten anzusehen. Daneben gibt es auch Kreuzungen verschiedener → Sorten wie die bei einjährigen Blumen und bei Gemüse häufig angebotenen F_1-Hybriden

immergrün: Pflanzen, vor allem Gehölze, die im Gegensatz zu den Laubabwerfenden oder Sommergrünen ihre Blätter rund ums Jahr behalten. Manche werfen jedoch bei ungünstigen Bedingungen das Laub über Winter ab. Andere tun dies fast regelmäßig im Frühjahr und werden dann als »wintergrün« bezeichnet

pH-Wert: Messwert für den Säuregrad von Boden oder Wasser, der z. B. mit Indikatorstäbchen (Drogerie, Fachhandel) ermittelt werden kann. Ein pH-Wert von 7 bedeutet neutral, Werte darunter geben saures Milieu an, bei Werten über 7 (bis 14) spricht man von basisch oder alkalisch. Hohe pH-Werte deuten auf hohen Kalkgehalt hin, deshalb gedeihen kalkempfindliche Pflanzen wie Rhododendren nur in → saurem Substrat

saures Substrat: → Substrat mit niedrigem → pH-Wert

selbstreinigend: solche → Arten und → Sorten werfen ihre verwelkten Blüten von selbst ab oder verstecken sie unter dichtem Blattwerk, so dass kein Ausputzen nötig ist

Sommerblumen: alle kurzlebigen Blüher, die nur eine Vegetationsperiode überdauern, nämlich → Einjährige und → Zweijährige. Außerdem zählt man in der Praxis mehrjährige Blumen dazu, die bei uns nicht winterhart sind

sommergrün: andere Bezeichnung für Laub abwerfend; dies im Gegensatz zu → immergrünen Gehölzen

Sorte: spezielle Züchtung einer → Art mit besonderen Eigenschaften. 'Ville de Paris' z. B. ist eine bewährte Pelargonien-Sorte mit hellrosa Blüten und langen, hängenden Trieben. Sorten können sich nicht nur in der Blütenfarbe und -größe, sondern auch in Wuchshöhe und -form, ja sogar in ihren Standortansprüchen (z. B. beim Lichtbedarf) unterscheiden

Spurennährstoffe: mineralische Nährstoffe, die Pflanzen nur in kleinen Mengen benötigen, die aber für Wachstum, Blüte und Gesundheit trotzdem essenziell sind, z. B. Eisen (Fe), Mangan (Mn) und Zink (Zn). Gute Volldünger sollten neben den → Hauptnährstoffen auch alle wichtigen Spurennährstoffe in ausgewogenem Verhältnis enthalten

Stauden: mehrjährige, krautige (nicht verholzende) Pflanzen. Dank ausdauernder Wurzeln oder Wurzelstöcke (Rhizome) treiben sie nach – meist winterlicher – Ruhepause immer wieder neu aus. Auch Zwiebel- und Knollenblumen zählen im botanischen Sinn zu den Stauden

Staunässe: Zustand, bei dem die Erde im Pflanzgefäß ständig mit Wasser gesättigt oder gar »übersättigt« ist; sehr gefährlich für alle Nicht-Wasserpflanzen, da die Wurzeln bald faulen und absterben können, ebenso Zwiebeln und Knollen

Stecklinge: Triebteile, die sich nach Abschneiden von der Mutterpflanze bewurzeln und zu neuen, kompletten Pflanzen heranwachsen (Seite 38/39)

Substrat: heißt eigentlich »Nährboden«. Im Gartenbau werden damit Mischungen aus Torf, Ton, Humus- oder Torfersatzstoffen bezeichnet, die dem Gärtner als Topf- und Vermehrungserden dienen

Sukkulenten: Pflanzen, die in dicken, fleischigen Blättern viel Wasser speichern können, was auf eine Herkunft aus trockenen, wüstenähnlichen Regionen hindeutet. Beispiele: Agave, Dickblatt

Wasserhärte: ergibt sich vor allem aus dem Anteil an Kalk und Magnesium, der im Wasser gelöst ist, und wird in »deutschen Härtengraden« (°dH) gemessen. Die Härte des Leitungswassers schwankt je nach Region zwischen 0 °dH und 30 °dH. Weiches Wasser ist für fast alle Pflanzen günstiger, für kalkempfindliche wie z. B. Kamelien ist es zwingend

Zweijährige: werden meist im Sommer gesät, blühen nach Überwinterung im darauf folgenden Jahr und sterben danach ab, z. B. Stiefmütterchen, Tausendschön und Petersilie

Hilfreiche Literatur und Adressen

Hilfe und Anregungen bei allen gärtnerischen Problem bieten Organisationen und Verbände, Zeitschriften und Bücher. Legen Sie bei schriftlichen Anfragen stets einen frankierten Rückumschlag bei.

Balkonpflanzenversand

Ahrens + Sieberz GmbH & Co. KG
Hauptstraße 440
53721 Siegburg-Seligenthal
www.as-garten.de

Bakker
Kremerbergweg
22922 Ahrensburg
www.bakker-gartencenter.de

Baldur-Garten GmbH
Elbinger Straße 12
64625 Bensheim
www.baldur-garten.de

Blumenschule
Augsburger Straße 62
86956 Schongau

Dehner GmbH & Co. KG
86641 Rain am Lech
www.dehner.de

Gärtner Pötschke GmbH
Beuthener Straße 4
41564 Kaarst
www.gaertner-poetschke.de

Kübelpflanzenversand

Flora Mediterranea
Königsgütler 5
84072 Au/Hallertau
www.floramediterranea.de

flora toskana
Böfinger Weg 10
89075 Ulm/Donau
www.flora-toskana.de

Kübel-Garten
Eichenweg 21
48499 Salzbergen
www.kuebelgarten.de

Pflanzen-Versand Röpke
Wilhelm-Busch-Straße 41
38723 Seesen
www.roepke-versand.de

Südflora Peter Klock
Stutsmoor 42
22607 Hamburg

Topfgarten Reinhold Bußmeier
Lüringweg 6
59302 Oelde
www.topfgarten.de

Samenversand

Saatkontor Ole Schoener
Gut Weilen 9a
28759 Bremen
www.saatkontor.de

Samen-Schröder
Alt Vorst 16 a
41564 Kaarst
www.samen-schroeder.de

Sunshine-Seeds
Harkortstraße 16
59229 Ahlen
www.sunshine-seeds .de

Zubehör/Diverses

Alte Gärtnerei
Tegernseer Landstraße 129
82024 Taufkirchen

Luise Bauer
Wohnen mit schönen Dingen
Schaumburgerstraße 17
83278 Traunstein

Chiemgauer Gartencenter und Zoo
Büchele
Hochstraße 35
83278 Traunstein

Gardena
Hans-Lorenser-Straße 40
89079 Ulm
www.gardena.com

W. Neudorff GmbH KG
An der Mühle 3
31860 Emmerthal
www.neudorff.de

Querbeet
Frauenstraße 12
80469 München

Tropf Blumat/Tensio-Technik
Peter-Spring-Straße 18
65366 Geisenheim
www.blumat.de

Literatur

große Feldhaus, Antje: *Balkon & Terrasse mediterran.* Gräfe und Unzer Verlag, München

Köchel, Maria und Christoph: *Kübelpflanzen. Der Traum vom Süden.* BLV Verlag, München

Maier, Hans-Peter: *Zitruspflanzen schnell & einfach.* Gräfe und Unzer Verlag, München

Maier, Hans-Peter: *Pflanzen vermehren schnell & einfach.* Gräfe und Unzer Verlag, München

Oudshoorn, Wim und Steffen, Knud: *Hanging Baskets. Ideen und Anregungen für Bepflanzung und Pflege.* Thalacker Verlag, Braunschweig

Arten- und Sachregister

Der Autor

Joachim Mayer ist Garten- und Naturjournalist und hat bereits mehrere Gartenbücher verfasst. Sein fundiertes Wissen auf diesem Gebiet verdankt er seiner langjährigen Tätigkeit als Gärtner und seinem Studium der Agrarwissenschaft. Ein besonderer Schwerpunkt seiner Veröffentlichungen ist das Thema Balkon und Terrasse.

Die Fotografen

Alle Fotos von Friedrich Strauß mit Ausnahme von:
Flora Press: 132 re.; Floraprint/Kooiman: 86 li., Floraprint/ Kok 90 mi.; Gardena: 46; Henseler: 54 o., 54 mi. o., 54 mi. u., 54 u., 55 o., 55 mi. o., 55 mi. u., 55 u.; Jahreiß/Wunderlich: 2/3, 4, 6, 8/9, 11, 15, 16 li., 16 re., 17 li., 20 o., 20 u., 21 o., 21 mi., 21 u., 24 o., 25 u., 26, 27 o., 27 u., 28 li., 28 re., 29 re., 33, 39 o., 40 li., 40 re., 41 li., 41 mi., 41 re., 42 re., 43 li., 45, 48, 49 o., 49 mi., 49 u., 52 o., 52 u., 53 o., 53 mi., 53 re., 57 , 57 mi., 57 u., 58, 59 re., 61 mi., 62, 63 o., 63 mi., 66/67, 71, 97, 113, 125, 135,; Nickig: 72 re., 114 mi., 114 re., 115 li.; Pforr: 77 mi , 79 re., 84 re., 85 re.; Redeleit: 22 li., 33 re., 23 li., 23 mi., 23 re., 138 re.; Reinhard: 30 mi. u., 108 mi., 110 li., 110 mi., 110 re.; Sammer: 119 re.; Schneider/Will: 132 li.; Stein: 120 re.

Fotos Cover und Rückseite:
Cover: Simone Andress, Wien
Rückseite: Strauß: li.; Jahreiß/ Wunderlich re.

Dank

Verlag und Autor danken der W. Neudorff GmbH KG in Emmenthal und der Gardena International GmbH in Ulm für die freundliche Unterstützung.

Verlag und die Fotografen Jahreiß/Wunderlich danken für die freundliche Unterstützung bei der Fotoproduktion: Fam. Aghte, Selb; Fam. Dupré, Hohenberg; Fam. Fliessner, Selb; Gärtnerei Gramsch, Marktredwitz; Fam. Hammerschmidt, Selb; Fam. Heine, Selb; Fam. Jahreiß, Selb; Fam. Köhler, Hohenberg; Harry Lehmann, Waldershof,-Poppenreuth; Maike Markowski, Selb; Fam. Mondrzik, Selb; Tanja Müller, Marktredwitz-Lorenzreuth; Fam. Nürnberger, Selb; Fam. Peetz, Oberkotzau; Robert Pflaum, Arzberg; Fam. Pfortner, Hohenberg; Brigitte Pohl, Selb; Gärtnerei Pollak, Selb; Fam. Rußwurm, Hohenberg; Fam. Schmidt, Selb; Nicole Skala, Selb; Fam. Wolfrum, Marktredwitz-Lorenzreuth; Fam. Wunderlich, Marktredwitz-Lorenzreuth; Günter Wunderlich, Selb.

Impressum

© 2005 GRÄFE UND UNZER Verlag GmbH, München
Alle Rechte vorbehalten. Nachdruck, auch auszugsweise, sowie Verbreitung durch Film, Funk, Fernsehen und Internet, durch fotomechanische Wiedergabe, Tonträger und Datenverarbeitungssysteme jeder Art nur mit schriftlicher Genehmigung des Verlags.

Programmleitung: Steffen Haselbach
Leitende Redaktion: Anita Zellner
Redaktion: Michael Eppinger
Lektorat: Sonnhild Bischoff
Bildredaktion: Silvia Ebbinghaus
Umschlaggestaltung und Layout: independent Medien-Design, München
Produktion: Susanne Mühldorfer
Satz: Bernd Walser Buchproduktion, München
Reproduktion: Fotolito Longo, Bozen
Druck: Appl, Wemding
Bindung: Oldenbourg Buchmanufaktur, Monheim
Printed in Germany

ISBN 3-7742-6680-8

Auflage	4	3	2	1
Jahr	2008	2007	2006	2005

GRÄFE UND UNZER

Ein Unternehmen der
GANSKE VERLAGSGRUPPE

GU GARTENSPASS

Schritt für Schritt zum grünen Paradies

Das Erfolgsprogramm von GU für alle Einsteiger, die schnell und leicht ihre Pflanzenträume im Garten oder auf Balkon und Terrasse verwirklichen wollen.

WEITERE TITEL ZUM THEMA BALKON:

➤ Balkonblumen in Töpfen, Kästen und Ampeln
➤ Kübelpflanzen erfolgreich pflegen
➤ Balkon & Kübelpflanzen
➤ Küchenkräuter auf Balkon und Terrasse